岩心天然和诱导裂缝图集

[美] John C.Lorenz　　Scott P.Cooper　　著

曾庆鲁　张荣虎　王　珂　王俊鹏　译

内容提要

本书通过大量岩心裂缝实例照片，系统介绍油气储层中岩心尺度下的单一裂缝特征、裂缝类型和判别方法，详细描述不同类型的裂缝在产状、开度、长度、组系、间距、连通性、平面度、粗面度等方面存在的显著差异，进而揭示裂缝网络和裂缝系统对提高或降低储层渗透率的影响，以利于学者更好地认识、区分和解释岩心中的天然裂缝、诱导裂缝及人为现象。

本书可供从事油气勘探和开发的地质工作者及科研院校相关专业师生参考。

图书在版编目（CIP）数据

岩心天然和诱导裂缝图集 /（美）约翰 C. 洛伦茨
（John C.Lorenz），（美）斯科特 P. 库珀
（Scott P.Cooper）著；曾庆鲁等译 .—北京：石油工业出版社，2023.10
书名原文：Atlas of Natural and Induced Fractures in Core
ISBN 978–7–5183–5487–0

Ⅰ.① 岩… Ⅱ.① 约…② 斯…③ 曾… Ⅲ.① 岩芯 –
图集 Ⅳ.① P583–64

中国版本图书馆 CIP 数据核字（2022）第 130699 号

Atlas of Natural and Induced Fractures in Core
by John C. Lorenz and Scott P. Cooper
ISBN: 9781119160007
Copyright © 2018 by John Wiley & Sons Ltd.
All Rights Reserved. Authorised translation from the English language edition published by John Wiley & Sons Limited. Responsibility for the accuracy of the translation rests solely with Petroleum Industry Press and is not the responsibility of John Wiley & Sons Limited. No part of this book may be reproduced in any form without the written permission of the original copyright holder, John Wiley & Sons Limited. Copies of this book sold without a Wiley sticker on the cover are unauthorized and illegal.
本书经 John Wiley & Sons Ltd. 授权翻译出版，简体中文版权归石油工业出版社有限公司所有，侵权必究。本书封底贴有 Wiley 防伪标签，无标签者不得销售。
北京市版权局著作权合同登记号：01-2021-7420

出版发行：石油工业出版社
（北京安定门外安华里 2 区 1 号　　100011）
网　　址：www.petropub.com
编辑部：（010）64222261　　图书营销中心：（010）64523633
经　　销：全国新华书店
印　　刷：北京中石油彩色印刷有限责任公司

2023 年 10 月第 1 版　　2023 年 10 月第 1 次印刷
787×1092 毫米　开本：1/16　印张：16
字数：400 千字

定价：180.00 元
（如出现印装质量问题，我社图书营销中心负责调换）

本图集将介绍油气储层中岩心尺度的单一裂缝特征，并提供岩心捕获的有限裂缝样本中各种裂缝类型的判别标准。不同类型的天然裂缝对储层渗透率的影响不同，诱导裂缝则对储层渗透率无影响或影响极小。因此，有必要准确地解释岩心尺度的裂缝，以便更好地认识储层尺度的裂缝系统并分析其对提高或降低储层渗透率的影响。

30 英尺的岩心（直径 4 英寸）拼接块（butt）和切片（slab）摆放于岩心房，就详细观察分析而言，其包含了大量基础数据，但是就体积而言，仅属于储层的微小取样。因此，有必要基于储层微小取样所捕获的少量裂缝，获取尽量多的数据并正确地解释此类裂缝。

本图集所介绍的裂缝是影响储层渗透率的裂缝网络和裂缝系统的基本构成要素。本图集不涉及三维裂缝系统以及因储层改造或生产所致应力场改变时裂缝行为的论述。亦不涉及裂缝力学性质和裂缝成因相关问题的讨论，但是某些观点显而易见。

诚然，本图集提供了大量裂缝类型和裂缝特征（影响储层渗透率）的实例，以利于广大研究者在岩心观察时对其进行识别并用于构建储层概念模型和数值模型。

目录

第一章　绪　　论

一、编制图集的目的

一位刚开始从事岩心裂缝研究的学生曾经给笔者发过一封邮件，邮件内容涉及一长串问题，每个问题下面空出段落大小的空间，以供我们详细解答并附上特殊的岩心尺度裂缝照片。这些问题十分基础但尤为重要，所涉及的问题包括：岩心切片（slab）和拼接块（butt）是否均可用于裂缝研究？如何区分剪切裂缝和张性裂缝？是否应记录诱导裂缝？上述问题指出了岩心尺度天然裂缝研究中的部分问题与不确定性，也表明从事岩心尺度裂缝评估的研究人员可能并非都已充分认识裂缝或岩心以作出有效评估。

本图集作为一本工具书，旨在帮助地质学家认识、区分、解释岩心尺度的不同类型天然裂缝、诱导裂缝及人为现象。寄希望于本图集可为本行业的岩心尺度裂缝研究提供参考，不仅有助于地质学家识别裂缝类型的差异，还能认识到不同类型裂缝对于储层的不同影响。此外，也希望本图集能填补目前文献所存在的一个空白：许多裂缝性储层的教科书以地质学家已具备各种裂缝类型的辨识和区分能力为假设条件，直接开始介绍裂缝分析。真诚地希望本图集能作为 Nelson（1985，2001）和 Kulander 等（1990）所作开创性工作的一个补充。

裂缝的默认概念为地层中的面状、开启破裂，但是实际上存在许多类型的裂缝，并且不同类型的裂缝在平面度、粗糙度、开度、长度、间距、连通性、高度方面存在显著差异，上述所有特征均能影响岩层渗透率。裂缝系统是否形成于张性或剪切应力条件、裂缝是否开启或已矿化、是否存在溶解增强型裂隙或擦痕剪切面，这一系列认识均在评估裂缝对储层的影响时发挥着重要作用。

尽管岩心相对较小且属于储层的一维采样，但是岩心中通常蕴含着裂缝网络及其相关原地应力体系的重要信息。由于岩心成本高、样品小，促使地质学家必须对岩心及源自岩心的分析数据进行深入评估，进而确保由岩心所获取的裂缝信息最大化。

希望本图集可为岩心中不同裂缝类型的识别提供一种方法，也可为不同裂缝类型的区分提供标准。部分裂缝类型广泛分布，控制着储层的基本连通性；部分裂缝类型局部分布，对地层渗透率的影响极小。少数裂缝类型可为原地应力体系分析提供方位参考或有用信息。本图集还将介绍岩心中存在的一些非裂缝的人为现象，其原因在于该类中的众多人为现象可作为环境标志并为天然裂缝分析提供重要信息。

二、兴趣范围

本图集介绍 4in❶ 直径岩心尺度的裂缝。为了使展示更为清晰，必要时附加近距离照片，但是在大多数情况下，缺少厘米级尺度（对裂缝力学分析十分重要）或米级 / 露头尺度（对构建裂缝控制的渗透率网络十分重要）的裂缝描述。本图集仅限于岩心描述时所观察到的单一裂缝，并说明其作为单一渗流路径的潜力。此类构造及其基本描述是完整性裂缝评估与分析的基石，因此必须准确识别、正确解释，以确保后续分析、解释及模拟结果有效。例如，剪切裂缝通常构成交叉共轭对，而张性裂缝通常形成单一、平行裂缝组，此种差异将显著影响储层的排驱特征和井间干扰样式。

近年来，受技术进步、职责问题及服务公司大量介入取心和岩心处理业务的影响，业界地质学家很少有机会参与现场取心过程，而服务公司又鲜有工作人员熟悉钻井作业或取心与岩心处理过程，进而导致他们通常并不了解作业过程中影响岩心的主要途径。在岩心被切割、清理、标记、钻凿、切片、装盒、取样并放置于实验室之前，地质学家极少对其进行现场观察，并且经过上述处理之后，岩心已丢失重要的天然裂缝信息并产生了额外的裂缝。

一旦地质学家接触到岩心，一个巨大的差距随即出现在裂缝计数与裂缝认识之间。裂缝计数并测量其倾向与走向本身十分容易，可提供基础数据并用于统计学分析。但是，如果分析之前并未完全认识和表征裂缝，此类分析将毫无意义，其原因在于裂缝并非只是岩石中的平面破裂。

岩心样品通常由岩石的新鲜面组成，与露头相比，岩心可提供未风化岩石的详细信息。然而，基于岩心外推至储层另外两个维度的能力有限。例如，除非满足 Narr（1996）提出的限制性假设条件，否则很难利用垂直岩心所提供的数据推导垂向裂缝的横向间距。与此类似，也很难估算水平岩心中的裂缝高度。尽管如此，借助于经验和翔实数据，仍可基于岩心构建裂缝在三维空间中的分布样式、几何形态、间距，以及连通性的概念模型或半定量模型。

三、裂缝分类

目前，基于裂缝几何形态、裂缝成因、裂缝电性特征及裂缝对储层潜在的影响，天然裂缝存在多种分类体系，不同分类体系的侧重点明显不同。例如，Nelson（2001）提出了

---

❶ 英寸（in），英美制长度单位，以下用 in 表示，1in=1/12ft=0.0254m。

基于裂缝成因（张性、张力或剪切）、裂缝潜在渗透性（开启裂缝或充填裂缝）、裂缝系统构造相关性（断层相关、褶皱相关、区域性等）的多种分类方案。反观，岩石物理学家通常基于成像测井数据，利用电性或声学特征对裂缝进行分类（"高导"或"高阻"）。

在本图集中，依据成因将天然裂缝划分为两种基本类型（张性裂缝和剪切裂缝），并根据后期裂缝蚀变情况划分亚类或增加修饰语。

分门别类是人类的天性，但是往往人为地将样品划分几个部分，而非发现并记录了天然分类。裂缝分类达到了一定的目的，事实上裂缝可能由一个类别逐渐过渡为另一个类别。例如，混合剪切裂缝（Hancock，1986；Hancock 和 Bevan，1987）属于张性裂缝与共轭剪切裂缝之间的过渡类型，诱导花瓣式裂缝（induced petal fracture）可变化并融入中心线裂缝（centerline fracture）。此外，地质历史时期，天然裂缝也可能再活动，进而导致分类模糊，即张性应力环境所形成的裂缝在某些时候可能受剪切应力的影响而再活动。与此类似，断层与剪切裂缝之间的区别可能看似不解自明，但是如果这种区别仅基于断距（位移）大小就显得过于随意，其原因在于剪切断距（位移）处于一个连续范围之内。

四、图集的组织结构

第二章围绕天然裂缝，介绍岩心尺度的张性和剪切裂缝特征，也涉及一些复杂情况。大多数张性裂缝为垂直产状，但是在某些岩心中也发育中角度裂缝和水平裂缝。多数情况下，剪切裂缝可划分为 Anderson（1951）的三倾角类别，对应于高角度走滑剪切、中角度倾向滑动剪切及低角度反向倾斜滑动剪切，但是某些构造背景下所取的岩心中还常见具有斜向滑动和平行层理滑动特征的剪切裂缝。此外，本图集还涉及一些其他不常见类型的岩心尺度天然裂缝的简短描述，例如肠状褶皱裂缝和变形条带。

第三章围绕诱导裂缝，涉及取心和岩心处理过程所形成的裂缝，其中最为重要的两节用于描述花瓣状裂缝（可呈现为许多不同的形态）和中心线裂缝。这两种诱导裂缝类型尤为重要，因为其适用于确定岩心及其所含天然裂缝相对于原地应力场（某些时候甚至是相对于正北方向）的方位。其他节将介绍岩心扭转、岩心弯折、沿岩心表面拖拽方向划痕—切痕所形成的裂缝；此外，还将介绍碰撞相关的裂缝，例如大力锤击形成的裂缝。

第四章围绕人工裂缝，将介绍取心和岩心处理作业时形成的非裂缝构造。此类非裂缝构造包括水平岩心中的抛光裂缝面、岩心提取器（岩心爪）抓痕及剥离痕（spinoff）。部分人为非裂缝现象并不重要，但是有必要熟悉其识别标志，并将其与更为重要的构造特征区分开。其他人为现象有助于评估岩心中的天然裂缝系统，也可能改变和模糊更为重要的裂缝；许多人为非构造裂缝现象还可为重建取心和岩心处理作业提供有用的线索。

五、照片来源

本图集所用照片的收集历时数十年，涉及不同客户的裂缝分析项目。几乎所有的客户公司均慷慨地授权准许使用照片，前提是不能透露岩心的层段、位置或公司名称。但是，本图集提供了岩心的基本岩性信息，部分实例还涵盖了所处的构造背景。

取心层段的识别可能具有一定的意义，但是实际上裂缝类型与特征的说明在很大程度上独立于取心层段信息，假如本图集涉及取心层段可能无法使用相关照片。笔者并未遮盖许多岩心照片的深度标记，但是也未说明深度单位是米或者英尺。

六、基于照片的裂缝描述局限性

虽然裂缝呈面状，但是仍有必要在三维空间对其进行评价。遗憾的是，照片属于裂缝的二维视图。岩心切面或照片所展现的裂缝通常仅能提供视倾向、走向、宽度及高度。为了获得裂缝参数的特征和微妙细节，通常需要获取不同角度和不同光照条件下的多幅照片。本图集所包含的大多数照片并非岩心的标准镜框照片，而是特殊角度下的真实照片（最能说明研究时所关心的裂缝特征）。为了展示裂缝的表面、终止、与母岩岩性相关的排列及开度等特征，必须获取不同尺度和不同拍摄角度的照片。此外，为了展示一条裂缝与另一条裂缝的相互关系，也需要拍摄不同角度的照片以便于描绘真实的裂缝相交几何形态。

大多数岩心库、储库及实验室光线充足，有利于开展细致的裂缝分析。多角度强光可能掩盖许多岩心面上所蕴含低幅度的纹理，这些信息也很重要。为了突出此类特征，岩心面必须采用斜向照明，由此造成本图集中的部分照片很好地展现了裂缝表面，但是却存在不均匀照明现象。

最初曾尝试将部分非典型实例纳入本图集，但是考虑到版面限制，在图集中向读者展示特征不明显的照片并配以文本"如果您可以观察到……"意义不大。因此，本图集主要采用了典型实例的最优照片，以说明不同裂缝类型的典型特征，进而指导地质学家基于图集中所见的更为完整、更为成形，或出露更好的构造特征，在岩心库中去识别不够完美的实例。然而，本图集已试图说明某一给定裂缝组特征范围内的共性和关键特征。

组织多达9000～10000张照片并不断删减以达到出版版面限制之间存在一种协同作用，笔者第一次将所有实例汇总并进行观察，以便比较和对照。按照裂缝类型对大量照片进行整理的过程中已经引入了特定的分类体系，并为相关概念的理解提供了更好的视角。其中一个理念即认识到部分裂缝类型的特征范围十分宽广，导致其与其他裂缝类型的特征范围重叠。此外，还迫使笔者确定各种裂缝类型的何种特征更为重要、更具有鉴别意义。

本图集并未提供各张照片的精确比例尺,但是在文字说明中指出了岩心直径大小。此外,许多照片中有意保留了铅笔点或手指,作为近似比例尺。当一次岩心分析过程需拍摄数百张照片时,此种方法相对于更为量化的比例尺而言更为便捷。

七、岩心标识的约定与术语

在本图集中,笔者已尽可能使照片的方位与岩心的原地位置保持一致,即照片顶部朝向地层向上方向,垂直岩心的长轴保持垂直,而水平岩心的长轴保持水平。岩心方位标注于每张照片的文字说明,除了长岩心层段的照片和人为非裂缝现象的照片(特指非裂缝现象形成时岩心长轴呈水平状,例如岩心切片时)无须考虑其原地位置之外。

针对岩心的原地位置标定,存在几项约定,其中最为常见的约定是一对平行线,其中一条为红色,另一条为黑色,沿岩心外表面的岩心轴绘制,红色位于右侧时指示井孔向上方向。对于垂直岩心而言,井孔向上方向通常也是地层向上方向(图1-0-1)。此项约定的颜色存在变化,但是大多数公司至少会在右侧使用红色线。

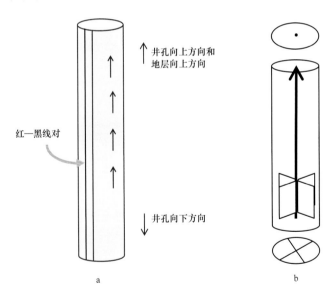

图 1-0-1 a. 绘制于岩心表面的红—黑线条对,指示井孔向上方向,红色位于右侧时指示井孔向上方向,此种颜色组合较为典型但并非普适。部分岩心以向上的箭头标识代替红—黑线条对;极少数情况下,甚至存在箭头指向井孔向下方向的情况。b. 为便于拍照,部分岩心横截面的方位标注为"圆圈—点"和"圆圈—×",分别代表从前方、后方观察向上的箭头标识

箭头也可用于指示岩心方位,通常用于指示井孔向上方向,但是并非普适。这里还有一个不太常见但是普遍认可的约定,即当向下观察岩心拼接块时,在岩心横截面画一个"圆圈—点",点代表从前方观察井孔向上箭头的尖端点,即朝井孔向下方向观察时,箭头指向观察者。与此类似,朝井孔向上方向观察岩心横截面可表示为"圆圈—×",其中 ×

代表观察到的向上箭头的背面或羽状末端。

读者可能会注意到，本图集混用了英制和米制单位。许多岩心的深度和直径最初分别标注为英尺和英寸，由于此类单位仍广泛应用于石油行业，因此并未对其进行改变。然而，与取心和钻井过程不相关的其他尺寸和测量值（例如裂缝宽度）采用米制单位，例如毫米和厘米。

就取自直井的岩心而言，其标注通常十分明确，井孔向上方向与垂直方向一致，同时也与地层向上方向一致，除非岩心取自倾斜地层。与此相反，当岩心取自斜井和水平井时，有可能造成误解，其原因在于井孔向上方向并不一定等同于垂直方向。红—黑线条对也应用于水平岩心，但是此时"井孔向上"方向并非地层向上方向。水平岩心的"井孔向上"方向表示朝水平井跟部（heel）的方向，即造斜点附近井孔由水平方向转为垂直方向的弯曲处（图 1-0-2）。井孔向下方向朝水平井端部（toe）。当水平岩心的地层向上方向可确定时，通常被称为岩心的高侧（high side）或脊侧（dorsal side），相反方向被称为岩心的低侧（low side）或地层低侧。

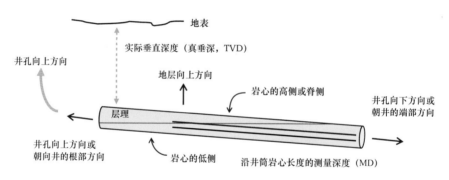

图 1-0-2 不同于井孔向上方向（朝井的跟部方向，表示为岩心表面所绘制的红—黑线条对），另外一条线（通常为蓝色）可能绘制于岩心的高侧（如果可确定高侧），但是高侧的确定通常存在含糊性，需谨慎使用高侧标记线

当水平岩心为定向取心时，其方位为相对于垂直方向而非相对于正北方向，岩心方位报告中将给出主切割线的位置，表示为朝井孔向下方向看时，相对于岩心高侧的旋转度数。如果水平岩心为非定向取心，岩心中的水平层理倾向通常可用于确定高侧。若非定向的水平岩心在取心时平行于层理，可确定出两种可能的高侧方向，此种模糊性尚无法解决，除非存在沉积示顶底构造。如果水平岩心为非定向取心并且未见层理，通常也无法确定岩心的高侧。

尽管到目前为止，尚无业界约定，但是水平岩心的高侧或脊侧通常被标记为蓝线。然而，岩心的高侧极易错判。即使存在，此种高侧标记也未必充分考虑了局部层理倾向和井斜。因此，应谨慎使用水平岩心上的高侧标记。

八、定义

针对岩石中的破裂，部分地质学家喜欢使用"节理（joint）"这一术语，而另一部分地质学家喜欢使用"裂缝（fracture）"。喜欢"节理"术语的地质学家采用术语"岩脉"表述矿化节理，而喜欢"裂缝"术语的地质学家则将相同的特征表述为"矿化裂缝"，并将"岩脉"应用于描述其他特征。此种区分通常分为学术和行业界线，尽管喜欢使用"节理"术语的地质学家在某些会谈和非正式场景也会使用基于"裂缝"的术语体系。

尽管业界使用非正式术语，但是笔者倾向于应用"裂缝"作为标准术语，因为该术语适宜增加修饰语，例如"诱导""张性"和"矿化"，也易于添加字符串修饰语（如"高角度剪切裂缝"），以便于创造灵活、广适、易懂的词汇。因此，本图集使用基于"裂缝"的术语体系，但是不可否认术语"裂隙（fissure）"和"岩脉"仍十分有用。

术语"裂缝"的主要缺陷在于工程领域将增产所用的水力注入压裂表述为"裂缝（fracture）"，虽然方便但是某些时候导致一些不准确的结论，即压裂裂缝与天然裂缝形成于相同的地质力学方式。

本图集将使用以下定义。

1. 裂缝

裂缝（fracture）：岩石中的任何破裂，无论天然或诱导、矿化或未矿化。

天然裂缝（natural fracture）：因地质力和地质过程所形成的裂缝。

诱导裂缝（induced fracture）：与钻井、取心、加工、处理过程相关的力所形成的裂缝。

张性裂缝（extension fracture）：三向不等压应力体系所形成的天然或诱导裂缝，裂缝面垂直于最小压应力，开启方向垂直于裂缝壁，此类裂缝有时被称为"Ⅰ型"裂缝。不应将其与真正的张力裂缝（tensile fracture）混淆，真正的张力裂缝形成于至少一个轴处于张性应力状态的岩石中，此种应力状态在地下地质条件并不常见。

剪切裂缝（shear fracture）：三向不等压应力体系所形成的裂缝，此时裂缝面与最大压应力方向斜交，理想交角为30°。在平行于裂缝面的方向，对侧裂缝面相对错动。此类裂缝通常被称为"Ⅱ型"裂缝。岩心中的大多数剪切裂缝属于天然裂缝。

破裂（crack）：岩石中的未矿化、狭窄裂隙，沿裂隙岩石并未完全分离。对侧面仍通过跨越裂缝的毫米—厘米级尺度局部完整围岩板相互附着。破裂通常是岩石沿裂缝面完全分离的前兆。

2. 裂缝参数

裂缝宽度（fracture width）：母岩壁之间且垂直于母岩壁的直线距离。裂缝宽度有助于计算张性状态的百分比应变，但其仅作为裂缝渗透率评估的次要参数，原因在于裂缝宽度可能已被矿化作用堵塞。部分裂缝可能已被矿化作用完全堵塞但仍具有一定宽度。张性裂缝的宽度通常相对均匀，仅在裂缝终止处附近变得狭窄；而剪切裂缝的宽度通常不规则。研究时将张性裂缝宽度记录为最大连续宽度，剪切裂缝宽度记录为平均估算宽度。

裂缝开度（fracture aperture）：对侧裂缝壁之间开启空隙空间的线性尺寸。如果未矿化，则裂缝开度等于宽度。完全矿化的裂缝具有宽度，但是无开度。开度控制着裂缝渗透率，但是开度并非均匀分布。经历溶解和/或矿化作用的张性裂缝以及大多数剪切裂缝具有不规则开度，而基于一段岩心长度的测量数据通常难以表征不规则开度。针对已发生结晶矿化作用的裂缝，其开度通常类似于咬紧牙齿时所存在的不规则开启空间，流体可流过但是却很难通过单一宽度测量对其进行真实的表征。因此，针对矿化的裂缝，通常记录其残余裂缝孔隙度。

残余裂缝孔隙度（remnant fracture porosity）：受矿化作用影响，原始裂缝宽度中仍开启并可渗透的百分比，即裂缝中仍可有效储存并疏导流体的部分。通过百分比条图可对其进行半定量估算，例如 Compton（1985）所发表的用于估算重矿物百分比的条图。未矿化裂缝保留了 100% 的原始宽度作为空隙空间，而无须考虑其宽度。完全矿化裂缝的残余孔隙度为 0，也无须考虑其宽度。大多数矿化裂缝保留了一定百分比的原始宽度作为残余开启空隙空间。即使放大镜下所观察到的完全充填裂缝，相对于母岩微达西—纳达西级尺度的渗透率而言，仍可能更具渗透性（Lorenz 等，1989，2005）。

工程领域通常认为裂缝渗透率与裂缝宽度的立方成正比（Warren 和 Root，1963），但是 Wennberg 等（2016）指出，沿裂缝的流动通常表现为裂缝不规则空隙附近的槽流，而非平行裂缝壁之间的片流。

裂缝体积孔隙度（fracture bulk porosity）：裂缝空隙空间占岩石总体积的百分比。即使对于高度裂缝性储层，裂缝体积孔隙度通常也不到 1%，极少达到 2%（Nelson，2002）。

3. 其他裂缝特征

裂口形貌（fractography）：许多裂缝面所存在的具有规律的纹理特征，有助于确定裂缝形成于张性或剪切应力状态。典型的裂口形貌标志包括张性裂缝所涉及的羽状构造和停止线（arrest line）以及剪切裂缝所涉及的阶梯或线理。裂口形貌标志并非存在于所有裂缝，并可能被矿化作用所掩盖。因此，许多裂缝面无明显特征，仅能作简单描述，例如粗糙、平坦、波状起伏。部分裂缝面可能具有溶解作用的证据，但此时溶解作用已破坏了可能存在的任何裂口形貌标志。

系统化（systematic）：表述某一裂缝系统特征的有序度和相似度，即岩石中相对均匀分布的具有相似走向、倾向、表面特征的裂缝，与另一组裂缝具有显著区别，并非随机。

相对于其他天然裂缝的裂缝走向（fracture strike relative to other natural fractures）：一块岩心中两条裂缝之间的测量交角，或者裂缝面投影至岩心之外某一推测交点的交角。该测量值有助于估算裂缝渗透网络的连通程度。交角 0° 表示平行裂缝。

相对于诱导裂缝的裂缝走向（fracture strike relative to induced fractures）：天然裂缝与邻近花瓣状裂缝或中心线裂缝之间的交角。由于这两种类型的诱导裂缝记录着原地最大水平压应力的方位，该测量值有助于揭示储层生产所致应力改变期间，裂缝的潜在表现行为（闭合、剪切或轻微反应）。如果存在，这两种诱导裂缝类型有助于为岩心提供一致的方位参考。

4.裂缝相关构造

裂隙（fissure）：近平面、似槽状特征，具有高度不规则的宽度，指示经历过大规模溶解作用。通常被分选差的外源矿物所充填，但是也可能充填具有统一组成的原地派生矿物。

岩脉（veins）：各种具有不确定成因的面状裂缝。通常被无定形、非结晶矿化物（物质的化学组成类似于母岩）完全充填，表明其形成并矿化于岩石的沉积、埋藏、成岩历史早期。许多岩脉具有湾形壁，指示其演化历史时期经历过溶解作用。部分岩脉在横截面呈椭圆形，表明岩脉形成时母岩处于弱岩化阶段。

第二章 天然裂缝

第一节 张性裂缝

一、高角度张性裂缝

高角度裂缝呈垂直或近垂直产状，是简单和复杂构造背景中最为常见的裂缝类型（图2-1-1、图2-1-2）。许多地质学家和大多数建模专家有意或无意地将张性裂缝默认为一种最为普遍的裂缝类型。

张性裂缝通常形成一组层控的平行平面。因此，相对于沿基质流动而言，假设流体更易于沿裂缝流动（但是并非总是如此），单组张性裂缝可显著提高储层的系统渗透率，但是仅局限于水平面和某个方向。为了全面评估裂缝对储层渗透率的影响，必须开展详细的裂缝表征，其中包括裂缝高度、终止性、间距、走向、相对于岩性的分布特征、宽度及矿化性（影响裂缝开度）。

张性裂缝的渗透率可能动态变化，其原因在于储层生产期间，开启空隙内部的流体压力降低要先于基质压力，进而导致裂缝闭合。此种影响对于狭窄裂缝更为显著，因为少量的闭合就会对裂缝开度的占比产生重要影响。当储层中存在两组或多组倾斜走向的张性裂缝时，裂缝表征就显得尤为重要，原因在于其中一组裂缝可能矿化较弱或者相对于原地应力具有优势方位，即使其发育程度偏差，也可能造成其渗透性优于其他组裂缝。

1. 高角度张性裂缝的裂口形貌特征

破裂过程通常在裂缝面产生独特的低幅度样式或裂口形貌特征，不同的裂口形貌样式可作为判别剪切或张性成因的依据。自地质学研究早期开始，地质学家就已经开始描述裂缝的裂口形貌特征，但是随着材料科学和实验室内陶瓷与玻璃破裂样式研究的进步，才逐步认识到此类表面标记（裂口形貌特征）的重要性。

张性裂缝表面通常发育羽状构造、停止线、扭曲锯齿状裂口（图2-1-3至图2-1-5）。顾名思义，羽状或羽毛状构造是一种细微的羽毛状样式，理想状态下存在一个类似于羽轴的轴，低幅度的分支自轴向外呈放射状展开。然而，部分羽状构造并不对称，沿裂缝面的延伸特征并不明确。在岩心中，许多羽状构造并不对称，其原因在于岩心仅取到裂缝面的一小部分，换言之，仅取到一小部分羽状样式。

图 2-1-1 裂缝已发生方解石矿化充填，但是仍可沿裂缝将岩心劈开，表明矿化作用较弱。方解石矿化充填物表现为白色，但是因钻井液侵入不完全矿化的裂缝，进而掩盖了此种颜色特征。岩心夹持于半幅铝制岩心筒衬套，为了将岩心移出衬套，已利用电锯对其进行了纵向劈分。全直径 / 未切片 5¼in 直井岩心，细粒砂岩。井孔向上方向朝照片顶部（高角度张性裂缝可能存在于直井岩心，如果岩心取自均一岩性并且在破裂期存在足够的应变能可形成大型裂缝，高角度张性裂缝可能沿岩心轴向延伸数英尺）

图 2-1-2 方解石矿化充填裂缝（为了突出显示，利用银色记号笔沿平行于裂缝迹线的方向绘制了虚线）在很大程度上具有完整性，指示相对致密的矿化作用。在拇指处，矿化裂缝面破裂开启。裂缝呈平面状，但是岩心表面的细微迹线似乎具有不规则性，原因在于岩心表面过于粗糙。裂缝具有相对均匀的宽度，但是在顶、底处（终止于钙质含量更低的岩层）出现突然变窄和尖灭。如果岩心描述时未对岩心表面进行清洗，很可能漏掉该条裂缝。全直径 / 未切片 4in 直井岩心，钙质页岩。井孔向上方向朝照片顶部（许多高角度张性裂缝相对较小且十分模糊，尤其是在粗糙的岩心外表面）

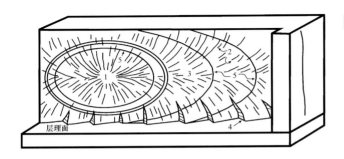

图 2-1-3 张性裂缝的理想裂口形貌示意图（据 Kulander 等，1990，修改）。4in 直径岩心通常仅取到裂缝面的相对较小部分，为了识别上述要素，必须进行仔细观察

1—起源点；2—羽状构造的分支；3—羽状构造的轴；4—扭曲锯齿状裂口；5—停止线

羽状构造通常指示快速的裂缝传播。羽状构造的轴向记录裂缝传播的方向，有时候可追踪回裂缝的起源点，通常为一颗化石、碎屑或其他杂质，导致应力集中并触发破裂作用。在某些层段，羽状构造起源于层理接触点；在另外一些层段，羽状构造起源于层内非均质点。

图 2-1-4 发育模糊羽状构造（由左向右传播）的层控裂缝（在靠近上部和下部层理界面的应力变化区域，破裂为扭曲锯齿状裂口）

图 2-1-5 砂岩中的张性裂缝，裂缝起源于地质锤把手末端附近，可能源于横向裂缝。一个最初的圆形形貌，此时裂缝半径小于母岩层的厚度。随后，裂缝同时向左和向右递增式传播，在多个位置经历足够长时间的裂缝发育停滞期，形成弧形停止线，而羽状构造垂直于停止线

弧形停止线呈脊状，垂直于羽状构造的分支，记录着裂缝传播的中断以及裂缝生长中断期的裂缝端部位置（Kulander 等，1990）。

张性裂缝的边缘可能存在扭曲锯齿状裂口，通常解释为指示母岩接触点附近的应力条件变化（与另一层相比），即不同层的力学性质变化导致原地应力条件微弱变化。裂缝面在传播（延伸）过程中发生走向变化，并分裂成段。二维平面上出露的雁列式扭曲锯齿状裂口垂直于裂缝，类似于某些剪切裂缝中常见的雁列式岩脉和阶梯，因此，必须注意的是，雁列式几何形态并非仅指示剪切作用。

羽状构造的轴通常被视为受破裂期最大压应力控制。然而，如果裂缝发育于水平层状地层，随着裂缝的生长，层控裂缝的轴通常沿水平层理分布，尽管最大应力为垂直方向。

羽状构造指示张性作用，但是并非所有的张性裂缝均显示羽状构造。羽状构造最常见于胶结良好的细粒岩石，极少见于粗粒（粒度超过了羽状构造的形貌起伏）岩石。当裂缝缓慢传播时，也不可能形成羽状构造，其原因在于此时极易被裂缝面矿化作用所掩盖。此

外，裂缝面溶解作用和成岩期重结晶作用（尤其是石灰岩）常导致羽状构造被清除。

岩心所提供的裂缝样品尺寸较小，因此在缺失羽状构造时常难以识别张性裂缝。张性裂缝通常缺乏平行于裂缝壁的位错，当裂缝性地层成层性好时，极易识别；但是必须考虑到还存在位错为走滑方向（平行于层理）的可能性，此时层理位错并不明显。此外，沿剪切裂缝的位错大小十分微小（毫米级尺度），因此在进行岩心尺度位错分析时，必须十分仔细。

1）羽状构造

如图 2-1-6 至图 2-1-13 所示。

图 2-1-6 具有水平轴的羽状构造，记录从左向右的裂缝传播，发育于多个小型层控、密间距、未矿化裂缝的裂缝面。裂缝顶、底的粗糙面指示与未破裂上覆和下伏层的接触面。4in 直径直井岩心，粉砂岩，井孔向上方向朝照片顶部

图 2-1-7 页岩中垂直于岩层的垂直张性裂缝面的羽状构造。羽状构造的轴呈水平产状，位于岩心底缘向上约四分之一处，指示裂缝传播平行于层理，从左向右。羽状构造和裂缝延伸至取心页岩中钙质层的整个高度。钙质层的上部和下部接触面以及裂缝的边缘表现为照片顶部和底部附近所显示出的裂缝面粗糙度增大，可能存在小型扭曲锯齿状裂口。4in 直径直井岩心，井孔向上方向朝照片顶部

图 2-1-8 大型羽状构造，记录裂缝面过岩心从右向左传播，岩心取自非钙质页岩。该羽状构造无明显的轴，但是在取心裂缝的上半部向上、向左传播，在取心裂缝的下半部向下、向左传播。裂缝已发生微弱的方解石矿化作用，但是羽状构造的形貌起伏大于方解石层的厚度，尽管已发生矿化作用，形貌特征仍十分明显。4in 直径直井岩心，井孔向上方向朝照片顶部

图 2-1-9 岩心上可见部分羽状构造（羽状构造的尺度远大于岩心）。裂缝已发生方解石矿化充填作用（亮色层）。钻井液残余物侵染了裂缝面。4in 直径直井岩心，井孔向上方向朝照片顶部

图 2-1-10 小型羽状构造，过裂缝面从右向左水平传播。该层控裂缝（发育于非钙质粉砂岩）被一层厚约半毫米的成岩黏土所覆盖。缺失侧裂缝的羽状构造印记保存于黏土表面。4in 直径直井岩心，井孔向上方向朝照片顶部。岩心钻孔中保留着未成功取样的 1in 直径孔隙度/渗透率岩心塞的残桩

图 2-1-11 石灰岩中一条张性裂缝的相对面，显示了两个表面的羽状构造镜像。岩石中的裂缝沿水平方向生长。狭窄裂缝在两个面均发生了微弱的方解石矿化作用。4in 直径直井岩心，井孔向上方向朝照片顶部

图 2-1-12 具有水平轴的羽状构造（为了突出显示，拍照时采用斜向光照），记录了一条张性裂缝在细粒灰岩与页岩互层层段从左向右传播。裂缝的顶缘表现为小型扭曲锯齿状裂口（与页岩层接触）。天然裂缝的底缘终止于另一个层理面，但是未见扭曲锯齿状裂口。岩心处理过程中，裂缝面沿粗糙曲面向下延伸，造就了岩心现有的面貌。裂缝面的垂直线是切片锯痕。3in 直径直井岩心，井孔向上方向朝照片顶部

图 2-1-13 石灰岩中张性裂缝面的漂移羽状构造，张性裂缝向上、斜交于岩心轴传播。羽状构造的轴平行于岩心轴，指示为取心作业诱导的裂缝，但是该裂缝属于天然裂缝，其证据在于羽状构造向上、向下生长，并且相对于岩心轴具有不对称性。裂缝终止于顶部的页岩层。4in 直径直井岩心，井孔向上方向朝照片顶部

2) 扭曲锯齿状裂口

如图 2-1-14 至图 2-1-17 所示。

图 2-1-14 标准的扭曲锯齿状裂口，发育于不明显的从左向右延伸的羽状构造，指示层理接触面和裂缝上缘附近的力学性质与应力条件变化。3in 直径直井岩心，井孔向上方向朝照片顶部

图 2-1-15 成层性极强的硅质页岩中发育两组延伸短、近平行、横向位错的层控张性裂缝。下部裂缝存在小型羽状构造，但是上部裂缝未见羽状构造。然而，在上部裂缝中，沿其上部和下部边缘可见发育良好的低幅度扭曲锯齿状裂口。3in 直径直井岩心，井孔向上方向朝照片顶部

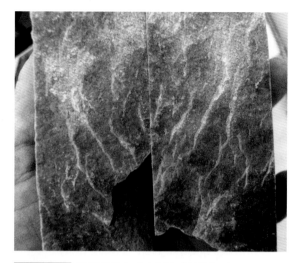

图 2-1-17 油浸砂岩中垂直张性裂缝的相对面，显示由扭曲锯齿状裂口向上过渡为更平坦的张性裂缝。裂缝面未见羽状构造，原因在于砂岩胶结差，其力学性质不利于形成羽状构造。3in 直径直井岩心，井孔向上方向朝照片顶部

图 2-1-16 粉砂岩中的裂缝面，未见明显的羽状构造，但是岩心上部由均质岩石变为层状岩石，可见扭曲锯齿状裂口。扭曲锯齿状裂口指示两种岩层具有不同的力学性质和微弱的应力状态变化。4in 直径直井岩心，井孔向上方向朝照片顶部

3） 停止线

如图 2-1-18、图 2-1-19 所示。

图 2-1-18 页岩中裂缝面（已发生方解石矿化充填）上停止线的两种视角照片。a. 井孔向上方向朝照片顶部，为张性裂缝方解石矿化面的相对面（沿水平轴以蝴蝶展翅方式开启），显示停止线的弧形脊，注意两个面的矿化样式，附着于一个或另一个面，但是并未同时附着于两个面；b. 井孔向上方向朝观察者，其中一个裂缝面的边缘（其相对面平行于照片平面），呈现沿井孔向下的视角以突出显示裂缝面上弧形脊处的低幅度起伏（红色箭头）。4in 直径直井岩心

图2-1-19 页岩中复合张性裂缝（已发生方解石矿化充填）的两种视角照片。原始裂缝的弧形边缘大概切割至岩心中部，将原始裂缝面（两张照片的右侧）与扭曲锯齿状裂口面（标志着裂缝的后期延伸）分离。钻井液掩盖了裂缝面。扭曲锯齿状裂口和走向变化指示裂缝延伸时期存在应力状态变化。4in直径直井岩心，井孔向上方向朝两张照片的顶部

2. 张性裂缝尺寸

高度、宽度、长度和间距是最为重要的裂缝参数，有助于估算和模拟裂缝渗透率对储层的影响。

裂缝宽度可通过完整的岩心测得，即便岩心沿裂缝破裂开启，也可估算其宽度。有人认为岩心中的裂缝宽度不准确，原因在于从岩层取出岩心之后，随着原地围岩应力的释放将导致岩心发生扩张。然而，滞弹性应变恢复技术（旨在测量应力释放扩张，进而计算原地应力）表明，完整岩心中的横向岩心扩张及其相关的裂缝宽度变化仅限于数百个微应变数量级（百万分之几百），可忽略不计。事实上，岩心自储层层段取出到地表经历的温度降低所导致的热收缩作用通常对岩心直径的影响更大。

高角度裂缝的间距有时可利用直井岩心进行估算（Narr，1996），但是基于斜井岩心的间距评估更为可靠，通常可测量真实的间距。

高角度张性裂缝的高度测量在任何类型的岩心中均存在问题，只有当裂缝面平行于岩心轴时，直井岩心才可能捕捉到完整的裂缝高度；而水平井岩心几乎不可能测得完整的裂缝高度，其最大可测量高度受限于岩心直径。

与此类似，几乎不可能依据垂直或水平井所取的一维数据获得裂缝长度。岩心偶尔能捕捉到横向裂缝边缘，但是关于裂缝长度的可用数据最好取自露头。

本小节将介绍张性裂缝的高度、长度、间距，以及垂向和横向裂缝终止特征。有效裂

缝宽度明显受控于矿化作用，因此将在第二章第四节对其进行论述。裂缝走向同样十分重要，部分相关内容将在本小节进行展示，而关于裂缝走向的详细介绍将在后文述及。

当张性裂缝尺寸的岩心测量数据集极具说服力时，高度、宽度、间距（以及露头测得的裂缝长度）数据通常服从对数正态分布，值域范围很宽。如果采用上述任何尺寸的单一数值作为裂缝模型的输入值，很可能并不准确。对数正态分布包括大量短的（"短"同时表示高度和长度）、狭窄的、密间距的裂缝，更高、更长、更宽、间距更大的裂缝越来越少。就剪切裂缝而言，由岩心所测得的相似参数通常分布更不规则，其原因在于岩心仅捕捉到更难预测的剪切裂缝系统的一小部分样本。

1）张性裂缝高度及垂向终止特征

张性裂缝高度测量通常受限于层理（层理主要受地层沉积作用所控制），即相邻层的力学性质差异，此时遭受应力作用即可导致破裂。高度测量时的另一考虑因素即针对许多较高的裂缝而言，测量的高度通常只是极小值，其原因在于如果裂缝相对于岩心轴倾斜，裂缝终止之前就已从岩心一侧离开，基于岩心仅能测得部分裂缝高度（图 2-1-20）。无论张性或剪切裂缝，较高裂缝通常在终止之前就已从岩心一侧离开：如果岩心直径为 4in 并包含一条 4ft❶ 高的裂缝（相对于岩心轴倾斜 5°），则裂缝可能从岩心的相对侧离开岩心顶和岩心底。即使岩心中存在两个垂向终止裂缝中的一个，测量的高度也可能为最小值。虽然如此，基于岩心的裂缝高度数据集仍十分有用，可代表裂缝系统中裂缝高度范围的下限值（图 2-1-21、图 2-1-22），即使是截尾数据集至少也可提供最小值，以便于估算裂缝高度的真实范围。

为了描述裂缝对地层垂直渗透率的影响，有必要记录裂缝母岩的岩层厚度以及裂缝终止的位置和性质。当裂缝高度受控于地层力学性质时，交会图通常表明张性裂缝高度与岩层厚度之间具有极强的相关性。与此相反，当地层层理之间的力学性质差异较低时，张性裂缝可能随意穿过层理。在此类地层中，不仅需记录裂缝终止的位置，还需记录裂缝穿过的岩层数量和类型。

垂向裂缝终止（顶和底）通常可归为以下几种通用类型。

（1）已知终止。

① 终止于岩性、地质力学边界，指示两种岩性之间的应变响应差异。裂缝终止于边界可能表现为突变、渐细或八字形样式，同时表明非改造型裂缝控制的垂向渗透率可能也垂向受限。

② 终止于缝合线，若裂缝形成于缝合线之后，缝合线可作为力学边界，导致裂缝传播停止。此外，裂后缝合线相关的溶解作用可能导致裂缝变短。

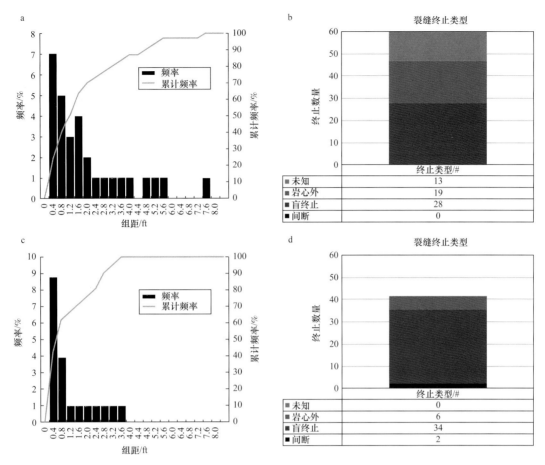

图 2-1-20 高角度张性裂缝高度及其终止特征的分布直方图，数据来自两口直井取自相同海相页岩层段（成层性较差）的岩心。a、b. 裂缝高度范围 0.1~7.6ft，平均值 1.85ft［裂缝条数（n）为 30 条，60 个终止点］；c、d. 裂缝高度范围 0.1~3.3ft，平均值 1.12ft［裂缝条数（n）为 21 条，42 个终止点］。大多数裂缝随机终止于均质岩石内部，少数裂缝终止于层理面

图 2-1-21 图 2-1-20 所用相同高角度张性裂缝数据集的裂缝高度分布，但是采用 0.2ft 的组距而非 0.4ft 组距。裂缝高度分布明显左偏，如果绘图时所选的组距相对过大或者数据集过小，少数小型裂缝可能被掩盖。裂缝高度范围 0.1~7.60ft，平均值 1.85ft［裂缝条数（n）为 30 条］

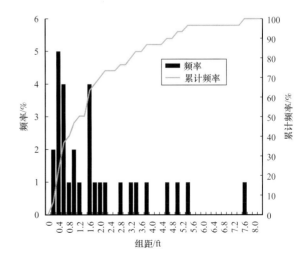

图 2-1-22 两条相互叠覆、狭窄、方解石矿化充填的高角度张性裂缝，其倾向平行于岩心轴，因此可测量并记录其完整高度。4in 直径直井岩心，砂岩，井孔向上方向朝照片顶部

③ 盲终止于相对均质的岩性内部，指示破裂期应变不足以促使裂缝传播至层理接触面。

（2）未知终止。

① 岩心外，即裂缝在终止之前从岩心一侧离开或者有时候从岩心顶或者底离开。

② 未知终止包括无法确定但是可能存在于缺失岩心块或压裂碎石带内部的裂缝终止。

垂直张性裂缝通常终止于相邻的韧性岩层（图 2-1-23 至图 2-1-27），裂缝层的易碎应变被非裂缝层的塑性流变所补偿。这种类型的终止是识别张性裂缝的其中一个常见标志，但是并非普适标准。

张性裂缝也可能盲终止于相对均质的岩性内部（图 2-1-28、图 2-1-29）。在此种情况下，驱使裂缝传播的应力不足以促使裂缝延伸至层边界。

张性裂缝通常也终止于缝合线。常见如下两种情况：缝合线的形成先于破裂作用，造成力学差异进而导致裂缝终止；破裂作用先发生，沿缝合线的岩石溶解导致裂缝被削截。

其他裂缝在终止之前从岩心一侧离开（图 2-1-30 至图 2-1-32），此时岩心仅记录了总裂缝高度的一部分。

某些张性裂缝盲终止，但是却与相似的平行裂缝段叠覆（图 2-1-33 至图 2-1-36）。在某些情况下，叠覆裂缝的尖端相互钩住，表明两条裂缝在几乎相同的平面朝相互方向传播。某些裂缝组未显示此种交互关系，部分原因是它们实际上是相同裂缝的一段，在第三个维度结合成一个单一平面。考虑到岩心样品的体积有限，无法清晰界定此类裂缝段构成单一渗流通道或者属于相互分离的裂缝，裂缝控制的渗透率不连续。如果构成单一渗流通道，则雁列式裂缝段应测量记录为单一裂缝高度。

图 2-1-23 即使是薄层页岩层也可提供足够的力学性质差异导致张性裂缝传播停止，表明形成此类裂缝所需的能量相对较低。4in 直径直井岩心，石灰岩，井孔向上方向朝照片顶部

图 2-1-24 地质历史时期，受成岩作用和孔隙压力变化的影响，力学性质可能发生变化。某些富黏土岩性目前表现为相对韧性，但是在不同条件下可能属于非均质层内的易碎层。在本实例中，页岩中的方解石矿化充填垂向张性裂缝朝终止方向渐细并终止于石灰岩层。由此说明，在破裂时期，相对于石灰岩而言，页岩更易发生破裂。3in 直径直井岩心的切片，井孔向上方向朝照片顶部

图 2-1-25 一条近垂直、方解石矿化充填的裂缝在终止之前向下离开岩心，向上终止于岩性边界，表现为扭曲锯齿状裂口。方解石矿化厚度向上减小，指示裂缝向上变窄。4in 直径直井岩心，石灰岩，井孔向上方向朝照片顶部

图 2-1-26 短小、方解石矿化充填的层控裂缝，局限分布于脆性石灰岩层，突变终止于互层的韧性页岩层。4in 直径直井岩心的切片，井孔向上方向朝两张照片顶部

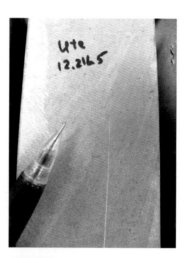

图 2-1-27 灰色白云岩中的层控、方解石矿化充填垂直张性裂缝，突变终止于邻近石灰岩的接触面，未见裂缝渐细现象。4in 直径直井岩心，井孔向上方向朝照片顶部

图 2-1-28 岩性变化具有渐变性，由细粒砂岩向上过渡为粉砂岩。方解石矿化充填的高角度张性裂缝向上逐渐变窄并终止也反映了此种岩性渐变特征。4in 直径直井岩心的切片，井孔向上方向朝照片顶部

图 2-1-29 不规则、高角度张性裂缝，盲终止（不属于力学原因）于相对均质的交错层理、硬石膏胶结的风成砂岩。2.5in 直径直井岩心，井孔向上方向朝照片顶部

图 2-1-30　a.井孔向上方向朝照片顶部，石灰岩中的高角度、方解石矿化充填张性裂缝，终止于不溶性黏土残余物（沿不规则、缝合化页岩裂理分布）；b.井孔向上方向朝远离观察者方向，相同岩心的缝合化页岩层理面的俯视照片，显示泥质脊突出至裂缝的溶解末端（终止于页岩裂理），表明溶解作用／缝合线形成的时间晚于破裂作用时期，相对于母岩（石灰岩）而言，充填裂缝的方解石通常更易溶解，沿裂理分布的黏土易于形成沿裂缝的线性溶解港湾结构。4in 直径直井岩心

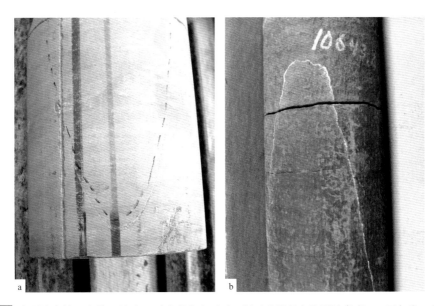

图 2-1-31　当裂缝在终止之前已从岩心顶或者底离开时，则无法测量完整裂缝高度。a.石灰岩，方解石矿化充填张性裂缝底部的裂缝终止位置和类型未知，原因在于裂缝在终止之前已向下从岩心一侧离开（裂缝突出显示为岩心表面所标记的、位于裂缝迹线旁边的虚线），岩心方位朝北，证据在于紧邻黑色线左侧的划痕槽；b.页岩，上部终止的位置和类型未知。尽管存在削截现象，仍应测量最小高度。4in 直径直井岩心，井孔向上方向朝两张照片顶部。红—黑线条对是最为常见的标记岩心原地向上方位的约定，红色线位于右侧时指示朝井孔向上方向

图2-1-32 高角度张性裂缝的一个面，裂缝擦过岩心边缘。记录了微小但重要的数据集，包括裂缝作用存在性、最小裂缝高度和宽度等参数，实际上，该裂缝已发生方解石矿化充填作用，但是矿化程度弱于母岩。如果能够建立该裂缝面与其他诱导或天然裂缝走向之间的相关关系，还可确定裂缝走向。4in直径直井岩心，石灰岩。井孔向上方向朝照片顶部，如红—黑线条对和井孔向上方向的箭头所示

图2-1-33 钙质页岩中的三条雁列式张性裂缝。裂缝相互叠置但是未在第三个维度发生合并（至少未在岩心体积内合并），由此表明垂向裂缝控制的渗透率受限。3in直径直井岩心，岩心顶部朝照片顶部

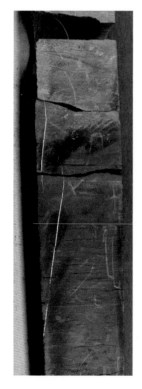

图2-1-34 雁列式裂缝段的尖端相互钩住，表明分离裂缝朝相互方向传播。当追踪至岩心末端时，证实两条裂缝由相互分离的平行平面所组成。3in直径直井岩心，页岩，井孔向上方向朝照片顶部

图2-1-35 页岩中的裂缝传播受限于薄层石灰岩层，应变跨过该薄层形成一条新裂缝，沿平行的位错面传播。4in直径直井岩心的切片，井孔向上方向朝照片顶部。某些叠置雁列式位错发生于力学性质不连续位置，例如岩性变化处

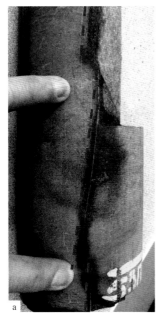

图 2-1-36 雁列式裂缝样式（仅表示单一裂缝的表面现象）的两种视角照片。a. 岩心表面显示方解石矿化充填、高角度张性裂缝系统的两个位错点（手指处），可能指示三条相互分离的裂缝（具有三个可测量的高度）以及不连续的垂向裂缝控制渗透率；b. 相同裂缝系统，斜向视角观察裂缝面的照片，显示岩心表面看似分离的裂缝面在第三个维度发生合并。由此表明雁列式样式可能为大型张性裂缝边缘的扭曲锯齿状裂口。雁列式样式也可形成于剪切环境，在作出解释之前应分析裂缝的全三维几何形态。4in 直径直井岩心，石灰岩，岩心顶部朝照片顶部

2）张性裂缝长度及横向终止特征

除了极小的裂缝之外（图 2-1-37 至图 2-1-40），利用直井岩心几乎无法获取水平裂缝长度。然而，当露头可测量张性裂缝长度时（Lorenz 和 Laubach，1994），其通常服从对数正态分布（与其他裂缝参数类似）。但是，露出层理面的露头尺寸通常偏小，进而导致可测量的裂缝长度小于真实裂缝长度。少有露头具有足够大的面积以捕捉大量裂缝的一个或两个横向终止特征，因此，鲜有公开发表的数据集。当裂缝较为发育时，密间距张性裂缝的尖端可能相互叠置（可能仅代表垂直出露时的表面现象），但是，两个裂缝段可能在第三个维度发生合并。当平行的张性裂缝系统规模较大时，张性裂缝长度可能无限量形成致椭圆状、高各向异性的储层排驱特征。

当垂直于裂缝面观察时，非层控的高角度张性裂缝通常呈圆形或近椭圆形。然而，一旦裂缝高度达到力学层理面界限，张性裂缝将首先沿平行于层理方向延伸，进而导致裂缝长度可能远大于裂缝高度。由于裂缝长度受控于应变，而裂缝高度受控于层理厚度，因此交会图显示两个参数之间无相关关系。

张性裂缝的横向终止特征偶见于露头，鲜见于岩心。横向终止的识别特征包括弧形裂

缝前锋，局部地方表现为矿化作用受限。有时，弧形裂缝前锋将天然裂缝面与更加粗糙、未矿化的诱导裂缝（自天然裂缝向外延伸）分离。高角度张性裂缝的横向边缘也可能表现为扭曲锯齿状裂口。

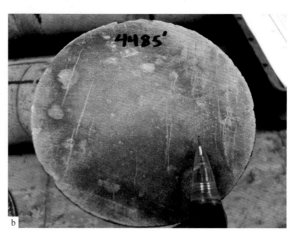

图 2-1-37 泥质灰岩中短小、有限长度、弱矿化的高角度张性裂缝。a. 井孔向上方向朝照片顶部，原油自裂缝渗出至岩心表面；b. 观察视角为朝井孔向下方向，裂缝长度仅为数厘米，高度也仅为数厘米。在裂缝频率与深度的交会图上，该层段可能在数字上表现为峰值，但是此类裂缝相互平行、连通性差。4in 直径直井岩心

图 2-1-38 成层性差的页岩中，圆形、方解石矿化充填的张性裂缝。裂缝宽度仅约 0.1mm，但是其与切面相交，可能表明该裂缝显著影响渗透率。该裂缝是页岩岩心中一系列分散状相似裂缝的一部分，盲终止于顶部和底部，而非终止于层理面。有限的观察结果表明，该裂缝呈平行、近圆状。a. 裂缝的相对面，被钻井液所掩盖；b. 清洗钻井液之后的一个裂缝面。拍照时仍处于湿润状态，因此掩盖了薄层方解石胶结物。4in 直径直井岩心的切片；井孔向上方向朝两张照片顶部

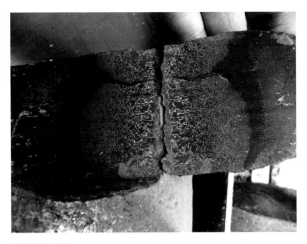

图 2-1-39 小型、圆状、方解石矿化的高角度张性裂缝的相对面（以蝴蝶展翅方式展开）。次生诱导破裂作用使裂缝面延伸至矿化天然裂缝边缘之外，沿一个与原始矿化裂缝近斜交的面延伸入新鲜破裂的岩石（浅灰色区域）。4in 直径直井岩心，页岩；井孔向上方向朝照片顶部

图 2-1-40 页岩中已发生方解石矿化充填的高角度张性裂缝。矿化作用沿一个弧形前锋终止于岩心内部，由此界定了岩心破裂之前的裂缝横向界限。拇指放于第二个平行的、略微位错的矿化裂缝面。厚数毫米的岩片将两个裂缝面横向分离。3in 直径直井岩心；井孔向上方向朝照片顶部

3）张性裂缝间距

如需评估裂缝对储层孔隙度和渗透率的影响，横向裂缝间距是一个最为重要但是也最难获取的参数。与裂缝长度和高度类似，张性裂缝间距的数据也服从对数正态分布，包括大量密间距的裂缝，间距更大的裂缝越来越少（图 2-1-41、图 2-1-42）。直井岩心不利于对高角度裂缝的横向间距进行采样（图 2-1-43），但是通常可以捕捉到小于岩心直径的裂缝间距，表明裂缝间距可能十分紧密。此类间距测量通常仅能代表间距对数正态分布的下限。

下面将介绍岩心直径范围内密间距、已矿化张性裂缝的几个实例。可采用统计学方法（例如最小值、最大值、平均值）对可用的间距测量数据进行处理，但是实际上此类统计分析并不能作为间距总体的代表，其原因在于测量数据中并未包括间距宽于岩心直径时的间距数据。

Narr（1996）提供了一种基于直井岩心数据获取高角度裂缝横向间距的方法及特定的约束条件。针对裂缝间距，Narr 提出了两个看似简单的计算公式：

间距 =（平均开度 × 岩心直径 × 裂缝发育段岩心长度）/（开度总和 × 裂缝高度总和）

$$(2\text{-}1\text{-}1)$$

间距 =（岩心直径 × 裂缝发育段岩心长度）/ 裂缝高度总和　　　（2-1-2）

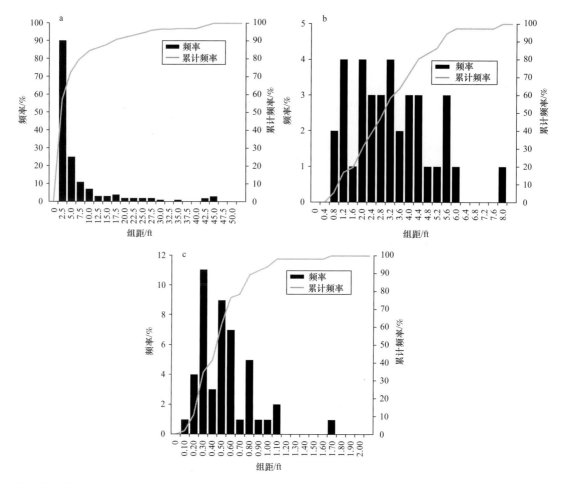

图 2-1-41 水平井岩心中高角度张性裂缝间距的直方图（岩心取自三套不同地层）。a. 数据源自 4in 直径岩心（钙质深海相页岩，*n*=158），此岩心中裂缝间距范围 0.01～43.77ft，平均值 5.54ft，直方图组距 2.5ft；b. 数据源自 4in 直径岩心（深海相细粒砂岩，*n*=36），裂缝间距范围 0.46～7.64ft，平均值 3.06 ft，直方图组距 0.4ft；c. 数据源自 4in 直径岩心（深海相富黏土页岩），绘图所用的裂缝数据局限分布于页岩内部厚约 2.5in（6.3cm）的钙质层（取心方位平行于层理，*n*=46），该层段的裂缝间距范围 0.1～1.67ft，平均值 0.52ft，直方图组距 0.10ft。其中 a、c 两张直方图具有频率左偏特征，此种特征十分常见，但是成图时能否显现取决于绘图的组距大小

应用式（2-1-1）和式（2-1-2）时所需的条件如下：

（1）测量数据源自单组平行裂缝（图 2-1-44、图 2-1-45）；

（2）所有裂缝垂直于层理，层理垂直于岩心轴；

（3）裂缝高度显著大于岩心直径；

（4）岩心已捕捉到裂缝总体的代表性样本；

（5）裂缝开度一致。

图2-1-42 两组垂直层面的张性裂缝的间距样式，海相砂岩的倾斜上部层理面（朝观察者方向均匀倾斜，倾角约为20°）。自照片顶部延伸至照片底部的裂缝具有均匀分布特征，但是横过照片的密间距裂缝具有对数正态间距样式。事实上，该砂岩中存在两种显著不同的间距样式，说明裂缝间距与层厚度成正比这一经验法则只有在缺失其他数据时才能作为第一近似方法；层厚度只是控制裂缝间距的多个因素之一，通常并非主控因素

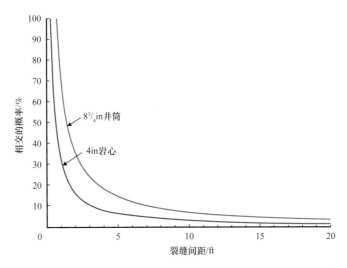

图2-1-43 垂直裂缝与垂直井筒或直井岩心相交的概率极低，除非裂缝具有密间距。如果岩心的平均间距为8in，则4in直径岩心捕获裂缝的概率仅为50%（据Lorenz，1992）

图 2-1-44 密间距、层控、近平行、未矿化高角度张性裂缝的两种视角照片。a.裂缝平行于白线，局限分布于薄层硅质页岩层，以更薄的黏土质页岩层为边界，井孔向上方向朝照片顶部；b.相同岩心块，由顶至底观察，显示两条密间距裂缝发育于硅质页岩的上部层，井孔向上方向朝观察者。照片中存在许多裂缝，表明尽管样品小，岩心仍可捕捉到裂缝间距和高度的代表性样本，也指示储层发生了高强度裂缝作用。3.5in 直径直井岩心

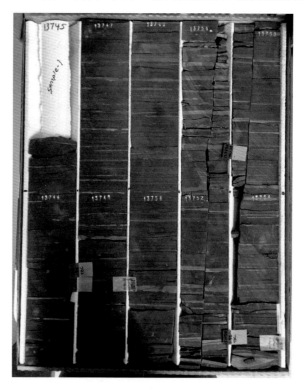

图 2-1-45 近垂直张性裂缝，由中排岩心切片底部延伸至第四排，并由最右侧的第五排（最后一排）岩心切片离开岩心。已矿化裂缝至少高约 4ft（1.3m）并任意切过页岩层段的不明显层理。下一盒岩心切片中也存在类似的裂缝。两组裂缝具有近平行的倾角，推测其也具有近平行的走向，但是因岩心无法摆放到一起尚无法明确界定。如果二者具有近平行的走向并垂向延伸足够远进而形成叠置关系，则可利用基础几何学方法估算二者之间的间距。两组裂缝被 1.4ft 厚的岩石所分隔

基于式（2-1-1）和式（2-1-2）计算得到的间距为单一数值，并不能确定间距的常见范围。然而，如果满足上述约束条件，Narr公式可提供无间距测量值情况下的间距估算值。

如果不能利用直井岩心估算横向裂缝间距，则需依靠经验，通过对比直井的裂缝强度与相同层段的水平井数据，进而得出间距估算值（Lorenz和Hill，1994）。通常来说，如果10ft的直井岩心中可观察到任何垂向裂缝，即认为该层段含大量裂缝并显著影响储层。与此相反，如果岩心中未见裂缝，也不能假定该层段不发育裂缝。

研究经验表明，对多数储层而言，每10ft直井岩心（4in直径）中含1ft累计垂直裂缝高度，是有效裂缝强度的最小比率。裂缝发育程度的此项指标通常可转换为平均间距约为3ft，但是该平均值所涉及的数据总体范围为数英寸至数十英尺。

取自大斜度井的岩心更利于采集高角度裂缝的横向间距样本（图2-1-46、图2-1-47），但是为了获得统计学上有效的间距总体样本，此类井必定具有方位角（横切或者至少斜切裂缝走向，而非平行于裂缝走向）。沿水平井岩心轴向的裂缝间距原始测量数据应进行几何校正（Terzaghi校正），以得到垂直于裂缝面的真实裂缝间距。如果不进行几何校正，密间距裂缝（走向近平行于岩心轴）的发育程度将可能明显低于宽间距裂缝（走向垂直于岩心轴）。

取自斜井的岩心（两组或者更多平行裂缝发育于相同的岩心块）也可提供可靠的裂缝间距测量值。当存在少量力学层理不连续面时，可将裂缝以一定的置信度垂直外推，沿岩心测量裂缝之间的距离，假定其为直角三角形的斜边，随后利用几何关系估算两条裂缝垂直于裂缝面的距离，继而得到合理的间距测量值。

图2-1-46 近水平岩心中的高角度张性裂缝（海绿石灰岩，靠近与下伏页岩之间的界面）。三条平行天然裂缝位于蓝色铅笔、白色钢笔以及白色牙刷柄（牙刷用于清洗岩心）的尖部。平行于岩心摆放的手电筒和灰色铅笔用于稳定岩心块，以便于拍照。受岩心中各种锯痕和诱导破裂的影响，掩盖了垂直于层面的裂缝。如果此种裂缝间距的大小是该套储层的典型特征，则直井岩心捕捉到其中一条裂缝的概率为75%。然而，石灰岩中段的裂缝间距更大（达到10ft数量级），使得裂缝与直井岩心相交的概率降低为约3%。4in直径岩心的拼接块，井孔向上方向朝照片右侧

图2-1-47 许多水平井岩心可直接测量高角度张性裂缝的间距。岩心表面红色线旁边的划线槽指示该砂岩岩心在力学上处于相对于地层向上的方位，由此确定裂缝呈垂直产状，其方位垂直于层理。层理面可能为水平方向，但是仍存在180°模棱两可的情况（层理的顶或者底）。该岩心模棱两可的问题已通过定向测量解决。可直接测量垂直于裂缝面的裂缝间距（而不是沿岩心轴的间距）。值得注意的是，"井孔向上"岩心方位线对属于非标准颜色：通常情况下红色线位于右侧指示井孔向上方向，但是该岩心用白色线代替了常用的黑色线。在水平井岩心中，"井孔向上"表示朝水平井跟部方向，随后向上朝地面方向。该岩心标记了两组红—白线对，以便于岩心切片之后两部分岩心片上均留有标记，但是如果两组红—白线对绘制太近，有可能造成误解。4in 直径水平井岩心；井孔向上方向朝照片左侧

3. 张性裂缝变化及岩性影响

理想的张性裂缝呈平行面状，除尖灭点或终止点之外，具有平行的相对面和相对均匀的宽度。然而，母岩岩性影响着裂缝的样式，相同的应力体系，在均匀细粒岩性中可能形成面状、规律的裂缝，但是在互层状粗粒岩性中可能形成粗糙、不规则裂缝。

在地层的脆性层段，张性裂缝通常更为发育，并可能仅局限分布于相应层段。例如，相对于互层状泥质页岩而言，砂岩通常破裂更为严重；相对于互层状石灰岩而言，白云岩通常破裂更为显著。然而，上述关系并非普适。岩石的力学性质是裂缝强度的主要控制因素，但是地质系统并非静态。随着成岩作用、胶结作用、压实作用以及温度变化，力学性质也会发生变化。围限应力和孔隙压力随埋深变化而变化，同样影响着岩石的力学性质，而裂缝发育程度随应变强度和应变速率的变化而变化。

在实验室试验中，通过一次试验改变一个或两个参数，即可定量分析上述变量对破裂作用的影响，但是在自然界上述控制参数通常难以约束。此外，本图集所展示的岩心仅是多次天然构造叠加事件的结果。天然破裂作用受控于破裂时期地层所具有的应力状态和岩石的力学性质，而非现今的应力状态和岩石性质。

在某些砂岩地层中，厚约数厘米的页岩夹层可导致高达数米的张性裂缝传播停止。然而，在另外一些情况下，受原地应力各向异性偏高的驱动或者受不同层段力学性质差异偏低的影响，张性裂缝可切过层理面，摒弃了成层性所导致的地质力学差异。此外，厚层页岩单元中也可能存在较好的张性裂缝系统，其原因在于孔隙压力增高可导致均质富黏土页

岩（通常被视为相对韧性）变化为脆性、易破裂地层。

非均质地层中的破裂作用可能导致不同层段发育完全不同的裂缝组（图2-1-48），所有裂缝均形成于相同应力体系，但是却受控于不同层段之间的力学性质变化（Lorenz等，2002）。此外，无相关性的裂缝组也可能已叠加至某一层段，该组无相关性的裂缝可能反映了岩层在地质历史的不同时期所具有的不同应力条件和力学性质。大量露头实例显示了相同层段发育多组、无相关性的张性裂缝（具有不同强度和不同走向）。新墨西哥州中部二叠系Abo砂岩的单层粗粒砂岩中同时发育两组裂缝，其中一组为倾向滑动的共轭剪切裂缝（形成于某种应力条件），另一组为高角度张性裂缝（其走向与剪切裂缝呈直角相交，形成时的应力条件明显不同）。

许多张性裂缝并不发育羽状构造。针对此类裂缝，需借助张性裂缝中其他常见特征将其解释为张性裂缝，例如终止于小型层理差异面以及缺失剪切作用的证据。

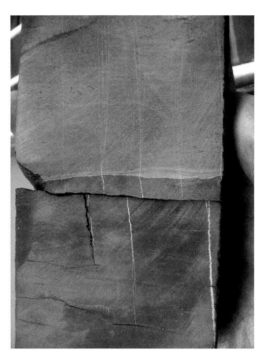

图2-1-48 石灰岩中多组、狭窄、方解石矿化充填的高角度张性裂缝，经受相同应变，但是下伏钙质页岩中的裂缝数量少、宽度大。岩性接触面之下的水平面上可见视位错，其原因在于位错上、下的岩心切片面方位差异，并非真实地质现象）。3in直径直井岩心；井孔向上方向朝照片顶部

1）石灰岩中的高角度张性裂缝

石灰岩中的张性裂缝与岩性（划分为"石灰岩"范畴的岩性）一样变化无常。细粒泥晶灰岩通常发育具有羽状构造的狭窄张性裂缝（图2-1-49），而多孔、粗粒灰岩中的张性裂缝可能更为粗糙、更不规则（图2-1-50、图2-1-51）。

图 2-1-49 羽状构造通常与张性破裂相伴生，此种现象形成于多种岩性，包括本照片所示的石灰岩。羽状构造可能不发育于粗粒岩性，例如砾岩和结晶白云岩，但是在颗粒不具有显著力学性质差异或应力差足够高可驱使裂缝任意穿过颗粒边界的地层中，却极易形成羽状构造。4in 直径直井岩心；井孔向上方向朝照片顶部

图 2-1-50 多孔石灰岩中两条粗糙、平行的高角度张性裂缝，其走向与岩心切片面斜交（朝照片平面的左侧倾斜）。此种倾斜走向导致裂缝宽度和不规则度被放大。切片面上的裂缝尺寸属于视尺寸，除非裂缝走向垂直于切片面。裂缝顶和底盲终止于均质岩性内部。4in 直径直井岩心的切片；井孔向上方向朝照片顶部

图 2-1-51 多孔、粗粒灰岩中粗糙、高角度张性裂缝（位于 a 中两个箭头之间）的两种视角照片。b. 裂缝面，已发生微弱的结晶方解石矿化作用。粗粒岩性中的此类不规则裂缝通常不可能发育羽状构造，并且在易溶岩性中，羽状构造极易因溶解作用而消失。4in 直径直井岩心的切片；井孔向上方向朝两张照片顶部

2）白云岩中的高角度张性裂缝

白云岩中的张性裂缝通常具有粗糙、不规则产状（图2-1-52至图2-1-54），原因在于白云岩一般粒度粗并且多孔。裂缝面极少见到羽状构造，其原因在于羽状构造的表面起伏通常小于白云岩的粒度大小。伴生的成岩作用、溶解作用以及再沉淀作用通常导致白云岩发育不规则、宽度大的裂缝开度，并发生不规则矿化充填作用。

图2-1-52 粗粒结晶白云岩中张性裂缝的两种视角照片。白云岩中的裂缝一般具有不规则、表面粗糙的特征，原因在于裂缝沿白云岩菱面体周围传播并且此类岩石通常已叠加多期成岩改造。裂缝面可能已发生零星矿化作用，可见孤立的白云石岩瘤和晶体（b）。a显示了裂缝的视宽度（岩心盒中的破裂裂缝），实际裂缝宽度应为几毫米。3in直径直井岩心；井孔向上方向朝两张照片顶部

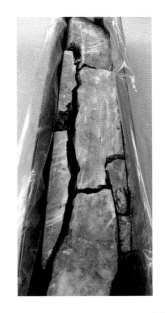

图2-1-53 白云岩中的不规则、平面线状张性裂缝。如果裂缝仅在一个平面表现为不规则性，即如果在任何给定深度，裂缝在过岩心的水平横切面表现为线状，尽管垂直面上具有此种不规则性，也可将其合理地解释为走滑剪切裂缝，尤其是表面具有剪切指示标记时。然而，如果裂缝面在任何方向的横切面均表现为不规则性，则可能为张性裂缝。该块岩心已沿弱矿化的裂缝面破裂开启。4in直径直井岩心的拼接块；地层向上方向朝照片顶部

图 2-1-54 a. 粗粒结晶白云岩中一条较大高度的近垂直张性裂缝，具有粗糙、不规则面，岩心已沿未完全矿化的裂缝面破裂开启，红—黑井孔向上／井孔向下方位线之间的绿线为主方位线，有助于获取连续取心层段的裂缝间相对走向；b. 相同层段和裂缝系统，一个裂缝面上可见零星分布的毫米级尺度白云石晶体。该条裂缝的不规则性可能部分归因于裂缝作用之后的溶解作用，白云石晶体为溶解之后的沉淀产物。4in 直径直井岩心；井孔向上方向朝两张照片顶部

3）页岩中的高角度张性裂缝

取心页岩中的高角度张性裂缝高度范围为数厘米至数十英尺。短裂缝十分常见，表现为裂缝以不同页岩质岩性薄层之间的强力学性质差异面为边界，但是，短裂缝也可能发育于厚层页岩内部，其原因在于极小的应变无法驱使裂缝传播至层理边界。与此类似，张性裂缝也可能呈窄或宽产状（图 2-1-55、图 2-1-56），取决于各条裂缝所必须适应的应变量。页岩中的张性裂缝通常发育羽状构造（图 2-1-57），可能十分微小，也极易被矿化作用所掩盖。

大多数页岩中的裂缝已发生不同程度的矿化作用，但是最新研究结果（Landry 等，2015）表明，即使是页岩中的已矿化、低渗透裂缝，其渗透率也高于母岩页岩通常所具有的纳米级渗透率。页岩中的裂缝提供了较大的表面积，有助于流体或气体从基质扩散至裂缝，甚至扩散至井筒。

高裂缝通常发育于厚层页岩（图 2-1-58、图 2-1-59），此时水平层理的力学性质差异极小并且相距很远。短裂缝通常发育于非均质页岩层段，此时裂缝局限分布于页岩质层或者局限分布于钙质或硅质含量更高的层（图 2-1-60、图 2-1-61）。某些页岩层段发育两组裂缝，一组发育于偏泥质层，另一组（具有不同走向）发育于脆性更强的岩层中。如果驱使裂缝传播的应力各向异性高和／或层间力学性质差异低，高度大的张性裂缝也可穿过层理和多种岩性（图 2-1-62）。

图 2-1-55 页岩岩心中短小、狭窄、方解石矿化充填的高角度张性裂缝的两种视角照片。a. 裂缝（箭头处）穿过岩心切片面（从右上方至左下方扫过岩心切片的弧形样式是切片锯的锯痕）；b. 裂缝的两个面均已发生方解石矿化作用，方解石层厚约 0.01 mm。单层方解石不规则附着于相对裂缝面，导致各裂缝面仅露出未矿化的斑块。3in 直径直井岩心的拼接块；井孔向上方向朝两张照片顶部

图 2-1-56 页岩中较大高度的高角度张性裂缝的两种视角照片，裂缝宽度约为 3mm。b. 一块岩心上的裂缝面，岩心位置见 a 中的箭头。不同于前述照片中所显示的裂缝，两个裂缝面均已发生不完全方解石矿化作用，方解石自裂缝壁生长至开启缝隙。不规则矿化作用表明该裂缝形成了重要的流体流动通道，其渗透率明显大于母岩的基质渗透率。4in 直径直井岩心的切片；井孔向上方向朝照片顶部

图 2-1-57 羽状构造，记录了一条短小、层控、高角度张性裂缝沿薄层状页岩层理（不同层之间具有很大的力学性质差异）的水平传播。破裂作用局限分布于层段内的富硅质层。3in 直径直井岩心；井孔向上方向朝照片顶部

图2-1-58 成层性差的页岩中已矿化、4mm宽的高角度张性裂缝，沿近平行于岩心轴方向延伸数英尺。裂缝壁光滑，裂缝宽度均匀，但是结晶方解石之间所残留的裂缝开度显示裂缝壁不规则。方解石矿化充填弱附着于裂缝壁，因此岩心极易沿裂缝面破裂。矿化充填空缺区域表示方解石层已从两壁脱落并缺失的区域。矿化充填的方解石与聚苯乙烯泡沫（用于置放岩心切片）具有相同的颜色和相同的结构。4in直径直井岩心的切片；井孔向上方向朝照片顶部

图2-1-59 成层性页岩中一条较大高度、方解石矿化的裂缝，沿岩心切片可追踪约4ft。箭头处所指示的裂缝位错现象属于假象，仅归因于岩心切片面方位的变化。岩心切片和拼块的重组分析表明，裂缝由单一连续面组成，其高度比本照片岩心切片所显示的高度还要高约50%，在终止之前，裂缝从岩心的一侧离开，因此其完整高度更大。方解石矿化层厚度约为0.2mm。4in直径直井岩心的切片；井孔向上方向朝照片顶部

图2-1-60 两条未完全矿化充填的高角度张性裂缝，局限分布于页岩单元（与贝壳灰岩层互层）。在破裂时期，相对于石灰岩而言，页岩更易发生脆性变形。4in直径直井岩心的切片；井孔向上方向朝照片顶部

图2-1-61 方解石矿化充填的垂直张性裂缝，局限分布于石灰岩层（与页岩互层）。裂缝延伸至围限页岩中一小段距离，但是大多数该类裂缝终止于层理接触面。与前述实例相反，相对于紧邻的页岩而言，石灰岩更易发生脆性变形。4in 直径直井岩心的切片；井孔向上方向朝照片顶部

图2-1-62 相对较宽（2mm）、未完全矿化充填、近垂直的张性裂缝，任意延伸过页岩和石灰岩层。裂缝面在石灰岩层更显粗糙，除此之外裂缝的其他特征在两种岩性中未见明显差异。矿化作用由附着于裂缝面并向内生长的两层方解石组成，自形晶面指示裂缝具有中等、未矿化开度。3.5in 直径直井岩心的切片；井孔向上方向朝照片顶部

4）狭窄张性裂缝

某些高角度张性裂缝组包括极窄（0.01mm 甚至更窄）、平行—亚平行、已矿化充填的裂缝（图2-1-63 至图2-1-65）。该类狭窄裂缝可单独出现或呈组出现，最常见于细粒、微晶灰岩和均质钙质页岩，但是也见于砂岩（图2-1-66）。该类极窄裂缝通常小、致密胶结，在岩石中形成显著的力学性质不连续性，尤其是充填细粒结晶方解石（其地质力学性质与石灰岩母岩类似）时。更年轻的裂缝（包括诱导裂缝）可以较小的角度切过此类裂缝，无明显交切关系。

当一块岩石经历多期应变破裂时，裂缝可能重复开启并矿化愈合（"破裂—封闭"），或者渐进递增式开启，同时未发生矿化作用。狭窄裂缝也可能形成于一期应力作用，随后发生矿化愈合并且矿化愈合的强度不小于基质岩石，因此，后续的每一期应力事件均形成一条新的、亚平行的裂缝，而不是导致早期裂缝再次开启。在低孔、细粒碳酸盐岩中，此种现象尤为常见，其原因在于相对易溶的基质可提供充足物质以利于裂缝发生快速矿化作用。

黏土或富有机质微晶灰岩中的狭窄裂缝可能成组出现，连续形成的狭窄裂缝相互紧邻并平行，而非早期裂缝再次开启。当存在裂后溶解时，如果方解石矿化物充填相较于母岩更易溶解，则溶解作用通常沿裂缝组集中发生。

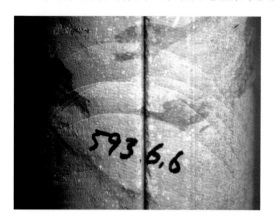

图 2-1-63 致密白垩岩（取自斜井）中五条狭窄、近平行、方解石矿化充填的高角度张性裂缝。中间三条裂缝相互之间略微斜交，相互切过但是未见明显干扰，表明已矿化裂缝面的力学性质与母岩近似。照片中部的凹槽是岩心定向划线。岩心直径 $2^3/_8$in，取自斜井井筒（相对于垂直方向倾斜约 45°）。井孔向上方向朝照片顶部，深度数字之下的层理接触面界定了水平方向

图 2-1-64 狭窄石灰岩条带（页岩地层的夹层）中两组狭窄、方解石矿化充填的层控裂缝，岩心取自倾斜地层（直井）。a. 岩心拼块的切片面，部分裂缝相对于岩心轴倾斜，但是垂直于倾斜层理，可能形成于掀斜作用之前，其他裂缝呈垂直产状，平行于岩心轴，与层理斜交，可能形成于掀斜作用之后，井孔向上方向朝照片右上方；b. 岩心切片末端，取自数英尺之下深度段的岩心中所见的相同裂缝系统，相互叠置、狭窄、方解石矿化充填的裂缝（紧邻虚线）具有两个走向，如果层理倾角方位已知（来源于成像测井），则可重建实际裂缝走向，视角朝井孔向下方向。4in 直径直井岩心，但是层理面倾斜

图 2-1-65 两组狭窄、相交、方解石矿化充填的高角度张性裂缝，出露于岩心末端（取自钙质页岩）。自右上角切至左下角的单条裂缝形成时间早于其他裂缝，原因在于其他裂缝终止于该单条裂缝。切片面单独观察，甚至三维空间的切片观察，均无法揭示第二裂缝组；第二裂缝组可能仅见于岩心的拼接段。4in 直径直井岩心的拼接块；井孔向上方向朝观察者

图 2-1-66 深埋砂岩中的成组、狭窄、高角度张性裂缝。黄色方框标注段显示裂缝切过颗粒或者沿颗粒边缘切过。4in 直径直井岩心的切片面；井孔向上方向朝照片顶部

5）不规则高角度张性裂缝

部分高角度张性裂缝具有不规则性，通常归因于裂缝传播与明显岩性非均质性之间的相互作用（图 2-1-67、图 2-1-68），尽管非均质岩性内也可能发育平面线状裂缝（图 2-1-69）。不规则破裂作用也可能发生于高孔隙压力环境，此时高孔隙压力形成低应力差，进而使得裂缝走向受限性变差；也可能发生于构造复杂地区（图 2-1-70、图 2-1-71），该区域的地层经受了多期应力事件。由于该类裂缝平面线状特征较差并且无显著裂口形貌标记，将其解释为张性裂缝的主要依据为缺少剪切位错证据及终止于小型力学性质不连续面。

图 2-1-67 粗粒岩石（如生物碎屑灰岩）中的某些张性裂缝具有不规则性。裂缝面沿碎屑周缘传播，而非切过碎屑。3in 直径直井岩心；井孔向上方向朝照片顶部

图 2-1-68 一条方解石矿化充填的裂缝不规则切过薄纹层状粉砂岩—页岩。平面线状特征差可能主要受控于岩性为非均质性及破裂时期的低应力差。2in 直径直井岩心；井孔向上方向朝照片顶部

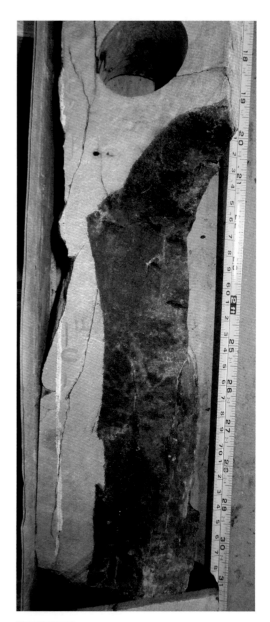

图 2-1-70 构造复杂环境的高角度张性裂缝也可能具有不规则性。石灰岩中的油浸张性裂缝，石灰岩取自断背斜。如复杂裂缝可能与局部构造复杂化有关。4in 直径直井岩心；井孔向上方向朝照片顶部

图 2-1-69 粗粒岩石（如豆粒砾石状砾岩）中的张性裂缝也可能呈平面状，前提条件是岩石胶结良好，碎屑的力学性质与基质材料的力学性质类似，或者驱使破裂作用发生的应力差足够高。4in 直径直井岩心；井孔向上方向朝观察者

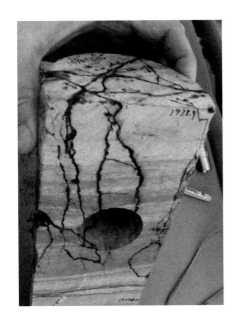

图 2-1-71 层状灰岩中的不规则、含油、高角度张性裂缝。该裂缝样式类似于 Gretener 和 Feng（1985）所提出的非系统性裂缝体系：假设破裂作用形成于高孔隙压力条件下，高孔隙压力导致应力差极低，继而造成裂缝走向受限性变差。此类裂缝系统极少见。许多裂缝系统被认为形成于孔隙压力超过最小原地压应力的条件下，但是孔隙压力与有效应力之间的相互依赖关系不支持系统性裂缝组的这种形成机理。4in 直径直井岩心；井孔向上方向朝照片顶部

4. 高角度张性裂缝相交

当储层中存在两个或更多相交的张性裂缝组时，裂缝相关渗透率增强的最大方向可能为沿发育最好的裂缝组（未必是最老的裂缝组）、沿矿化作用最弱的裂缝组（未必是发育最好的裂缝组），或者沿平行于最大压应力方向的裂缝组。因此，天然裂缝的表征显得尤为重要，有必要测量天然裂缝相互之间的走向以及应力控制诱导裂缝的走向。为了认识裂缝控制的渗透率系统，必须借助于岩心所提供的有限数据，开展完整的裂缝表征并最终厘清裂缝—应力相互作用。

尽管岩心属储层的微小样本，但是岩心中的相交裂缝组并不少见。然而，如果仅研究二维岩心照片或者岩心切片面，极易漏掉裂缝相交关系；关于裂缝相交的下述实例没有任何一个源自岩心切片面，原因在于为了测量相对裂缝走向，需要对裂缝进行全三维认识。在基于岩心的裂缝研究期间，有必要综合使用所有的岩心、拼接块及切片，以便涵盖岩心的所有表面。此举有助于增加样本大小，显著提高发现所有裂缝组（岩心所捕获的所有裂缝组）并测量其相对走向的概率。裂缝研究时仅使用岩心切片类似于仅使用 30% 的成像测井资料。

具有多个走向的裂缝系统可能受控于单一应力事件期间所形成的走滑共轭剪切对，但是也可归因于叠加的张性裂缝组。正确解释相交裂缝几何形态的成因尤为重要，因为共轭剪切和叠加张性裂缝具有不同走向（相对于原地应力），将导致生产期间裂缝闭合或剪切，进而对裂缝渗透率产生不同的影响。相对于成像测井而言，岩心的优势之一即通常易于识别剪切与张性裂缝之间的差异：基于岩心可观察并分析裂缝面，并在三维空间观察裂缝的

细节信息。

当相交裂缝由叠加的张性裂缝组成，但裂缝无法定向时，借助于高度、母岩岩性、矿化类型/颜色/完整性等特征的差异有望能区分两组裂缝。然而，某些无相关性的相交裂缝组具有类似特征，因此仅能通过走向对其进行区分。此时，在工作台上拼接长岩心段并对比走向通常成为唯一的方式，以确定岩心中的一系列天然裂缝是否存在一个裂缝组或者两个裂缝组。

1）明显相交

一块岩心中存在裂缝相交现象并不少见（图2-1-72、图2-1-73）。岩心拼接块末端通常是发现并记录裂缝相交的最佳场所（图2-1-73至图2-1-76）。相交裂缝可能具有类似或者显著不同的特征，例如开度和矿化充填作用（图2-1-77）。

图2-1-72 泥质页岩岩心中两条相似、狭窄、方解石矿化充填的高角度张性裂缝，以70°角度相交。除了走向之外，两条裂缝之间仅有的明显区别是其中一条裂缝的倾角近平行于岩心轴，另一条裂缝的倾角为80°。该套地层强烈破裂，岩心中还存在其他裂缝相交现象，但是与这两条相交裂缝几乎相同。4in直径直井岩心；井孔向上方向朝照片顶部。岩心左侧的宽白线是一家服务公司的方位标记

图2-1-73 直井页岩岩心末端出露的相交、方解石矿化充填、高角度张性裂缝，位于与图2-1-72相同的岩心和层段。岩心为定向取心，因此已知其原地位置，如指北"N"箭头所示，据此可重建真实裂缝走向，其中两条裂缝的走向为40°～220°，一条裂缝的走向为110°～290°。裂缝看似相互切割，但是矿化充填作用的细致分析结果表明其中一组裂缝切割另一组裂缝并且更年轻（图2-1-74）。4in直径直井岩心；朝井孔向下方向观察

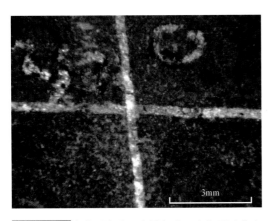

图2-1-74 直井页岩岩心末端相交、方解石矿化充填、垂直张性裂缝的放大显示（位于与图2-1-73相同的岩心），表明照片中由顶至底方向的裂缝矿化充填作用切穿（并且形成时间晚于）由左至右方向的裂缝矿化作用。4in直径直井岩心；朝井孔向下方向观察

图2-1-75 直井石灰岩岩心末端的相交、未矿化、密间距、高角度张性裂缝，局部见油浸现象。老裂缝组呈平面线状，横贯岩心，具有一致的走向。年轻的斜向裂缝线状特征差、终止于横贯裂缝或者在横贯裂缝处存在位错。交切关系指示照片中由顶至底方向的裂缝组年轻于由左至右的裂缝组。如果不仔细观察，可能解释为由顶至底的裂缝组被由左至右裂缝组的剪切作用所错断，但是位错强度和位错现象均不一致，并且裂缝面未见剪切标志。由顶至底方向的裂缝组传播至并终止于早期由左至右裂缝组所形成的不连续面。4in直径直井岩心；"圆圈—点"标记指示朝井孔向下方向观察

图2-1-76 石灰岩岩心中四条方解石矿化但未完全充填的裂缝（至少具有三种明显的走向）。裂缝之间的相对年代关系尚不清楚。水渗入左下方裂缝的缝隙，表明存在较大的残余裂缝孔隙度。4in直径直井岩心；"圆圈—×"标记指示朝井孔向上方向观察

图2-1-77 直井岩心末端和切片面所出露的相交高角度张性裂缝（"NF"）。偏大的裂缝具有不规则宽度和开度，指示溶解作用，表明其具有良好的流体流动潜力。岩心中的溶解增强型裂缝以一个特征角与更狭窄的裂缝相交，即使在未相交的区域，也可区分两组裂缝。两个出露面（切片面和岩心末端）说明了偏大裂缝的真实宽度与视宽度之间的差异。4in直径直井岩心的切片；井孔向上方向朝照片顶部

2）不明显相交

一对相交裂缝中可能仅有一组出露于岩心切片面（图 2-1-78），裂缝相交关系在照片所示的二维视角可能并不明显（图 2-1-79）。基于岩心照片的裂缝表征可能并不完整，因此必须认识其局限性。当一条裂缝切割另一条早期裂缝时，裂缝相交性及其相对年代就显而易见（图 2-1-80）。

图 2-1-78 白云岩岩心拼接块中两条高角度张性裂缝（裂缝面分别标记为 A 和 B）的不完整形态。仅有一条裂缝与岩心切片面相交。3in 直径直井岩心；井孔向上方向朝照片顶部并远离观察者

图 2-1-79 石灰岩岩心中裂缝的两种视角照片。a. 岩心沿矿化充填裂缝面裂开，出露两个面，显示两种类型的矿化充填作用，脏灰色方解石（具有晶体习性）覆盖裂缝面上部 80% 面积，显示沿裂缝存在较大的原地渗透率，白色无定形方解石部分覆盖裂缝下部。不同类型矿化作用发生于不同的斜向裂缝面这一事实并不明显，但是 b 岩心末端视角清楚显示该破裂面由具有非平行走向的两条裂缝组成。值得注意的是，下部裂缝的相对面仅有约 50% 的面积被白色矿化物所覆盖，但是无定形方解石斑块在两个面上呈镜像互补关系，由此说明裂缝实际上几乎完全被白色矿化物覆盖。4in 直径直井岩心；井孔向上方向朝两张照片顶部

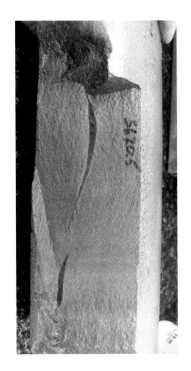

图 2-1-80 垂直张性裂缝面（平行于照片面）上的模糊羽状构造，未能清晰地延伸过斜向、更老的天然裂缝（二者相交，沿岩心中部的暗色斜面）。在某些区域，年轻、具有羽状构造的裂缝发生横向阶步式移动，以便于切过岩石中的此类先存力学性质非均质面，其走向向内，朝照片面左侧。4in 直径直井岩心；井孔向上方向朝照片顶部

3）投影相交

具有不同走向的裂缝并未在岩心体内部相交，但是通过投影易于确定其在邻近岩石中的推测相交点（图 2-1-81、图 2-1-82）。

图 2-1-81 两条方解石矿化充填的垂直张性裂缝擦过石灰岩岩心边缘。裂缝以 80° 角度相交，但是具有相似特征，若这两组裂缝不同时出现于此块未定向岩心，则无法对其进行区分。确定一组或两组裂缝存在的重要性在于两组裂缝通常形成相互连通的渗透网络，而单一张性裂缝组则形成具有高排驱和渗流各向异性的差连通性网络。4.5in 直径直井岩心；井孔向上方向朝照片顶部

图 2-1-82 水平井岩心中的裂缝面也可延伸至岩心体之外，以通过投影确定相交性。水平井岩心中存在两组高角度张性裂缝，其走向以接近 90° 角度相交，但是岩心体内部并未捕捉到此种相交性。银色线表示岩心高侧或脊侧。基于此岩心可快速构建储层裂缝系统的概念图像：90° 相交的密间距、高角度裂缝网络。3in 直径水平井岩心；井孔向上方向朝照片左侧

5. 斜井岩心中的高角度张性裂缝

与直井岩心相比，取自斜井的岩心通常进行横向切割而非沿单个高角度张性裂缝方向。因此，斜井岩心通常仅能提供单一裂缝的较小样本，但是却具备捕捉大量裂缝的潜力。针对斜井岩心，其裂缝频率评估必须十分仔细，原因在于斜井岩心可捕获走向垂直或近垂直于井筒倾斜方位的大量裂缝样本，但是可能无法或者极少捕获走向近平行于井斜方位的裂缝（即使间距很小）。

与直井岩心相比，一方面斜井岩心通常可提供涉及裂缝间距的更多、更好信息（图 2-1-83、图 2-1-84）；另一方面，斜井岩心捕获到高角度张性裂缝垂向终止特征的可能性更低（图 2-1-85、图 2-1-86）。

斜井岩心通常有助于确定裂缝走向而无需对岩心进行定向，只需确定岩心的地层向上方向和井筒倾斜方位。与直井岩心不同，斜井岩心的地层向上方向并非等价于"井孔向上"方向，因此斜井岩心的地层向上方向并非总是很明显。

直井岩心易于测量裂缝倾向，但是在斜井岩心中，裂缝倾向和走向均可能难以限定。如果地层的层理水平并且在岩心上可识别，水平岩心长轴（层理水平）周围就仅存在两种旋转位置，进而将潜在裂缝方位数量限制为两个。

如果岩心相对于层理倾斜，需明确岩心取自向上段或者向下段，随后即可确定岩心相对于向上方向的方位。最后，利用井筒井斜测量结果（提供井筒过取心层段的方位和岩心轴相对于垂直方向的倾斜角度）确定裂缝走向和倾向。

例如，水平井筒的方位角为 N60°E，取心地层呈水平层状，则垂直于层面的裂缝（走向与岩心轴呈直角）具有北北西—南南东走向。如果层理顶模糊，裂缝与岩心轴之间呈 60° 夹角，则垂直于层面的裂缝具有北北东—南南西走向或者东西走向，这取决于水平层理的朝上方的一侧。如果层理不呈水平产状或者无法在岩心中识别层理，此时如要确定斜井岩心中裂缝的倾向和走向，就需对岩心进行定向。

图2-1-83 a.两条垂直、方解石矿化充填张性裂缝（箭头）的边缘视角照片，裂缝位于斜井砂岩岩心切片的左侧边缘和右侧边缘，井筒倾角为60°（相对于垂直方向，井筒倾角通常表示为与垂直方向的夹角，不像地质倾角表示为与水平方向的夹角），岩心照片拍摄于其原地位置，未定向岩心可绕其轴（红色虚线）旋转，但是裂缝（从邻近的直井岩心已知该裂缝呈垂直产状）仅在一个旋转位置呈垂直产状，井筒倾斜方位近似朝北，因此裂缝的走向约为东西向，井孔向上方向朝左上方；b. a中所示岩心的末端所显示的一条垂直、方解石矿化充填裂缝的表面，方解石部分掩盖了羽状构造，井孔向上方向远离观察者。4in直径斜井岩心，地层向上方向朝两张照片顶部

图2-1-84 水平井砂岩岩心中三条模糊、密间距、方解石矿化充填的垂直张性裂缝（位于黑色箭头对之间）。中部的凹槽是岩心定向筒鞋所形成的切割线。服务公司采用非标准的红—白线条对作为井孔向上方向的标识，但是红色线仍然表示"红色位于右侧代表朝井孔向上方向"，因此水平井跟部朝左边。如果岩心高侧已知并且井筒倾斜方位已知（来源于井筒井斜测量结果），则可测量裂缝走向。岩心表面的脊状形貌归因于旋转取心钻头，垂直于层理面。4in直径水平井岩心；井孔向上方向朝左侧；地层向上方向由岩心侧面向外，朝观察者方向

图2-1-85 未切片砂岩岩心（取自斜井，相对于垂直方向的倾角约为50°）中的方解石矿化充填垂直裂缝。拍照时将岩心摆放至原地位置。绕中央岩心轴线（红色虚线）旋转时，仅存在一个位置可保证层理（箭头处）水平，裂缝垂直。随后，基于井筒倾斜方位数据即可测量裂缝走向。如果不存在层理或者层理为非水平产状，或者裂缝为非垂直产状，则裂缝走向测定问题将变得更为复杂。4in直径斜井岩心；井孔向上方向朝照片左上角，地层向上方向朝照片顶部

图2-1-86 一条垂直张性裂缝（切过水平井岩心轴向）的正面（a）和斜向（b）视角照片。与虚线之下的贝壳状新鲜面相比，虚线之上的裂缝面时代偏老并且平面线状特征更明显。上部破裂面是一条已经历溶解作用的天然裂缝，该天然裂缝向下终止于虚线所示的层理面。在加工处理期间，岩心破裂，天然裂缝面向下延伸形成一条诱导裂缝。4in直径水平井岩心。朝井孔向上方向（朝斜井的跟部方向）观察，地层向上方向朝两张照片顶部

当水平井岩心为定向取心时，则主切割线的位置代表垂直"向上"，而非直井岩心中的朝正北方向。在斜井岩心的方位报告中，岩心上主切割线的位置表示为朝井孔向下方向观察时自岩心高侧的顺时针度数。

二、倾斜张性裂缝

大多数张性裂缝形成近垂直的裂缝面，其原因在于该垂直裂缝面只需少量能量即可克

服最小压应力（通常为水平方向）继而开启，而克服其他两个方向应力所需的能量更大。在构造简单的背景下，上覆盖层的垂直重量通常构成最大压应力，进而造成最小和中间应力处于水平面。然而，倾斜应力和倾斜张性裂缝并不少见。

在进行倾斜裂缝记录时，需定义倾斜的参照物。在水平层状地层中，倾斜裂缝相对于层理和垂直方向均倾斜；在褶皱地层中，裂缝可能相对于垂直方向倾斜，但是仍垂直于掀斜的层理。此类裂缝在成因上属于高角度，有时可将其作为裂缝作用早于皱褶变形或者与褶皱作用同期发生的证据，但是，若单纯从几何特征来讲，该类裂缝属于倾斜裂缝。

此外，某些张性裂缝相对于掀斜层理面倾斜，但是相对于现今向上方向却垂直。该类裂缝可能形成于常规应力体系，即上覆盖层重量构成最大压应力，但是裂缝形成于地层发生褶皱变形之后。

如果将记录的裂缝参数直接作为储层渗透率模型的输入，记录现今的裂缝倾向就足以满足需求；但是，如果研究目的是重建地层的构造演化，记录裂缝相对于垂直方向和相对于层理的倾角就显得尤为重要。

1. 水平层状地层中的倾斜张性裂缝

倾斜张性裂缝存在于取自未皱褶变形、水平地层的部分岩心（图 2-1-87 至图 2-1-90），表明即使在构造看似简单的盆地，压应力也并非总是相对于垂直轴对称。

图 2-1-87 水平层状页岩中的狭窄、倾斜、方解石矿化充填张性裂缝。裂缝面见羽状构造（并未出露于裂缝边缘视角）。岩心切片面所显示的视倾角与实际倾角相比略低几度（归因于裂缝面与岩心切片面之间的斜向相交关系），但是裂缝并非垂直。笔尖所指处的岩石垂向裂理是采样锯痕，水平破裂形成于岩心加工处理期间。4in 直径直井岩心的切片面；井孔向上方向朝照片顶部

图 2-1-88 方解石矿化充填的倾斜张性裂缝，裂缝面见羽状构造（未出露于该视角）。岩石已沿裂缝裂开，显示真实裂缝倾角比岩心切片面所示的视倾角更陡。4in 直径直井岩心；井孔向上方向朝照片顶部

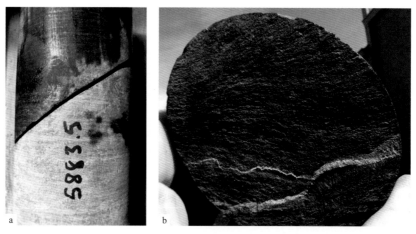

图 2-1-89 一条倾斜张性裂缝的两种视角照片。a. 裂缝面具有中等倾角指示剪切作用，井孔向上方向朝照片顶部；b. 裂缝面见羽状构造，表明其为张性成因，井孔向上方向远离观察者。3.5in 直径直井岩心

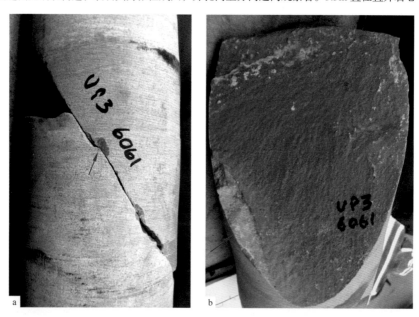

图 2-1-90 强胶结砂岩中一条弱矿化、中等倾角张性裂缝的两种视角照片。a. 该裂缝面可能被误解为倾斜剪切裂缝，尤其是裂缝中部存在小型阶步（箭头处），井孔向上方向朝照片顶部；b. 裂缝面见羽状构造指示其为张性成因，井孔向上方向由照片面向外，朝上。造成误解的阶步现象实际为岩石破裂，并非沿裂缝面。裂缝面几乎未发生矿化作用但是具有暗灰色光泽，不同于岩石新鲜面所显示的浅灰色。在此类高度变形的储层中，该条倾斜张性裂缝形成于非垂直应力条件。4in 直径直井岩心

2. 倾斜地层中的倾斜张性裂缝

倾斜但垂直层面的裂缝可能最初为垂直产状，在褶皱作用期间随母岩一起发生掀斜（图 2-1-91、图 2-1-92），或者归因于褶皱作用期间的垂直层面张性作用。如果属于后一种成因，裂缝走向应平行于皱褶轴。具有水平倾角的张性裂缝属于特殊实例，将单独讨论。

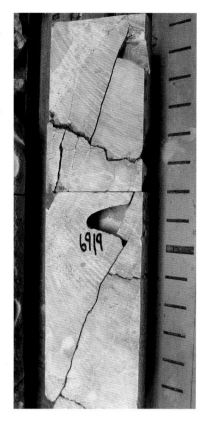

图 2-1-92 石灰岩岩心中的张性裂缝。裂缝相对于垂向岩心轴倾斜。然而，裂缝近似垂直于褶皱作用之前的水平面（由层理和缝合线所界定），表明该裂缝形成于层理掀斜之前。4in 直径直井岩心；井孔向上方向朝照片顶部

图 2-1-91 粉砂岩单元（与钙质页岩互层）中垂直层面、方解石矿化充填的层控张性裂缝。斜向张性裂缝的形成归因于垂直层面的垂直裂缝在裂后（指裂缝作用之后）褶皱作用期间随层理一同发生掀斜。该类裂缝可能与指示褶皱作用的构造相伴生，例如平行层面的剪切面（擦痕平行于层理的倾斜方位）。4in 直径直井岩心；井孔向上方向朝照片顶部

3. 倾斜地层中的垂直张性裂缝

尽管层理发生倾斜，某些高角度张性裂缝仍具有垂直产状，表明其形成于母岩层掀斜作用之后（图 2-1-93）。

图 2-1-93 狭窄、方解石矿化充填的张性裂缝平行于岩心轴并具有垂直产状，但是与层理斜交，表明该裂缝形成于褶皱作用之后。3in 直径直井岩心；井孔向上方向朝照片顶部

三、水平张性裂缝

在常规储层中，水平张性裂缝相对少见，但是却常见于海相页岩地层。矿化作用和裂缝特征的显著差异表明该类裂缝并非垂直张性裂缝的水平力学等效体系。基于成像测井难以将其与层理进行区分，事实上如果无长井段页岩岩心（页岩油气资源的兴起推动了长井段页岩取心），在地下通常也无法识别该类裂缝。

1. 肉状夹石充填型（beef-filled）裂缝

水平张性裂缝的常见类型发育于海相页岩，其中柱状方解石晶体方位垂直于裂缝壁（Gale 等，2014）。一般推断方解石晶体自裂缝壁向外生长并在不规则中间线（由母岩碎屑所限定）处会合（图 2-1-94 至图 2-1-98）。该结构表明矿化充填作用发生于裂缝开启时期，并且与裂缝开启保持同步。

该构造的成因尚存争论。通常将其解释为相对浅埋的早期成岩特征（Marshall，1982；Al Aasm 等，1992）。与此相反，Cobbold 和 Rodrigues（2007）以及 Cobbold 等（2013）却认为该类特征形成于地层深埋时期的超压环境。

该类裂缝具有水平、平行层理的产状，由此表明裂缝形成时期的最小压应力方向为垂直方向，从力学角度来讲，可能更容易将其解释为形成于浅埋时期。裂缝面光滑、无羽状构造，母岩碎屑物质局部融入裂缝矿化作用，这两点特征均与裂缝形成时期处于未完全固结成岩阶段相匹配。该类水平裂缝与高角度张性裂缝的相交关系表明水平裂缝的形成时间早于垂直裂缝（图 2-1-99）。

尽管裂缝已发生矿化充填作用，但是与母岩页岩的纳达西级渗透率相比，该类水平裂缝可能具有更强的渗流能力。此外，Rodrigues 等（2009）在露头上追踪该类裂缝的横向延伸距离超过 100m，因此其具备将更为陡倾的裂缝类型连接成连通裂缝网络的潜力。

图 2-1-94 泥质海相页岩中一条方解石充填的水平张性裂缝。在成像测井资料或未清洗岩心外表面上，可能无法识别该条裂缝。岩心通常沿水平裂缝面破裂，因此在岩心处理期间可能丢失整个裂缝充填物，很难留下裂缝作用的任何证据。4in 直径直井岩心；井孔向上方向朝照片顶部。岩心表面中部自上而下的凹槽为岩心方位线

图2-1-95 两层矿化物（由柱状方解石晶体组成）充填泥质页岩中的水平裂缝。狭长晶体纤维垂直于裂缝壁。晶体纤维沿其长度具有相同直径，推测纤维生长发生于裂缝开启时期，并且与裂缝开启保持同步。暗色中间条带含微量母岩物质，表明晶体纤维自顶部和底部裂缝壁向内生长。3in 直径直井岩心；井孔向上方向朝照片顶部

图2-1-96 泥质海相页岩中两条方解石充填的水平张性裂缝，一条为薄、亮白色裂缝（位于照片中部），一条为略厚、浅灰色裂缝（位于照片上部，标注深度数字处）。在钻井液所致的灰色侵染之下，略厚裂缝中的方解石也呈白色，灰色侵染表明该裂缝具有部分渗透性。3in 直径直井岩心；井孔向上方向朝照片顶部

图 2-1-97 许多水平、肉状夹石充填型裂缝并非呈完美的等平面状，而是表现为对角位错和楔状终止。泥质页岩中的该条裂缝仅在照片右侧存在合并，因此中央线仅分布于照片右侧，表明向左方向的晶体生长仅发生于一个方向，而非由两个裂缝面向内同时生长。3in 直径直井岩心；井孔向上方向朝照片顶部

图 2-1-98 白色、方解石矿化充填的张性裂缝发生掀斜，此外，快速沉积的钙屑灰岩之下见软沉积物变形，由此表明平行层面的裂缝形成于完全固结成岩之前。3in 直径直井岩心；井孔向上方向朝照片顶部

图 2-1-99 交切关系（箭头处）表明岩心左侧的高角度、方解石矿化充填张性裂缝切过岩心底部的水平裂缝，并且形成时间晚于岩心底部的水平裂缝。岩心取自钙质页岩。3in 直径直井岩心；井孔向上方向朝照片顶部

2. 其他方解石矿化的水平张性裂缝

页岩岩心中部分未明确界定的方解石充填型水平面可能为受成岩作用和重结晶作用所掩盖的肉状夹石充填型裂缝（图 2-1-100、图 2-1-101），尤其是在年代老、埋深大的地层中。

图 2-1-100 方解石（半透明、等径晶体）形成厚约毫米的矿化层，完整切过钙质页岩岩心（直井岩心，黄褐色钻井液掩盖了右侧的裂缝面）。该矿化层的成因并不明显，但是其发育于深埋的古生界，可能为一条裂缝的重结晶残余物（充填柱状方解石）。3in 直径直井岩心；朝岩心顶部观察

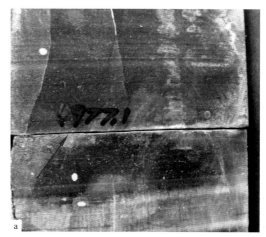

图 2-1-101 方解石矿化充填水平裂缝的两种视角照片。a. 粉砂质岩心中部的破裂面（箭头处）是一条模糊的水平天然裂缝（成因不明），井孔向上方向朝照片顶部；b. 方解石具有颗粒状晶体习性，井孔向上方向朝远离观察者方向。基于成像测井资料可能无法识别该裂缝，岩心的岩性记录中也未必能标注该裂缝，原因在于该裂缝并不明显，除非拾起岩心露出其已矿化的裂缝面。在取心和岩心处理过程中，大多数方解石充填物已脱落并丢失。3in 直径直井岩心

3. 非水平张性裂缝

某些矿化特征（包括由柱状方解石所组成的有机介壳物质，尤其在白垩纪海相地层中）可以形成类似于水平肉状夹石充填型裂缝的水平层（图 2-1-102），特别是当其与实际水平裂缝互层时。介壳物质通常由半透明度略差的柱状方解石组成，可能保存有机衬里或者具有生长脊。

平行层面的剪切面也可能与水平张性裂缝类似，除非存在典型判别标志，例如擦痕。甚至是近垂直的裂缝也可能类似于水平裂缝，造成此种现象的原因在于近垂直的裂缝仅出现于岩心切片面，而将岩心沿平行于裂缝走向方向切片，进而导致裂缝与切片面相交并形成一条过岩心切片面的水平方解石破裂。岩心中的水平诱导盘状裂缝也可能被误解为天然裂缝；盘状裂缝属于未矿化裂缝，通常可见羽状构造。

岩心中的某些水平裂理充填煤或原油。前者一般为煤化的植物碎片（图 2-1-103），而后者通常归因于取心和岩心处理过程造成层理面开启，进而导致基质中的原油流出并渗入层理面。此外，某些看似为水平张性裂缝的构造实际为沉积层理。

图 2-1-102 中生界海相粉砂质页岩中介壳碎片（由柱状方解石组成）的两种视角照片。介壳物质类似于充填柱状方解石的水平张性裂缝。有助于将其与肉状夹石充填型裂缝区分开的特征包括：缺失中央线、起伏不平、含残余有机物质的介壳面、柱状方解石半透明度略差。3in 直径直井岩心；井孔向上方向朝两张照片顶部

图 2-1-103 泥质海相页岩中厚几毫米的煤质水平层。可能为煤化的植物碎片，原因在于相同岩心的另一部分出现相似的物质并具有更为清晰的蕨类植物轮廓。该类水平层已被称为排烃裂缝，但是尚无力学理论支撑该机制，也无证据支持将其扩展至大多数裂缝。4in 直径直井岩心；井孔向上方向朝观察者

第二节　剪切裂缝

剪切裂缝能够在母岩中形成拉伸应变和挤压应变，其应变程度通常大于张性破裂形成的应变。对于储层更重要的是，剪切裂缝与张性裂缝对储层渗透率的影响存在显著差异，即便是具有最小、亚毫米级尺度位移的小型剪切裂缝也能够形成连通性良好的相交共轭裂缝网络，而单组张性裂缝往往形成平行、不相交的裂缝面。因为剪切裂缝受岩石力学非均质性的影响较小，且剪切裂缝的顺层位移可以横切较薄的塑性地层，而这些地层通常会阻止张性裂缝的生长，所以剪切裂缝在横切岩性边界、连通储层方面具有更大的潜力。

在背斜油气藏和断块油气藏中，剪切裂缝通常具有明显的断距和擦痕面。在变形程度较低的地层中，也可以发现较小位移的剪切裂缝，它们往往很容易被忽视。由于毫米级尺度的剪切位移在岩心中可能并不明显，而如果断距平行于层理而不是垂直于层理，即使是大尺度的剪切裂缝也很难在成像测井中识别出来，因此剪切裂缝可能比通常识别出来的更为常见。有时可以根据剪切裂缝对的共轭几何形态推断出剪切作用，但成像测井不能有效识别出擦痕面或台阶面，而它们可以明确指示层理位移不明显的地方发生的剪切作用。此外，即使成像测井中存在明显的共轭裂缝几何形态，可能也难以判别剪切面是呈开启状态、具有高渗透率，还是由封闭的低渗透剪切变形带所构成。

与张性裂缝相比，剪切裂缝的宽度和开度往往不那么规则，粗糙面较小的位移往往会形成空隙，从而显著提高储层的渗透率。然而，通过在空隙内填充断层泥，形成不渗透的擦痕面，数毫米的位移即可破坏剪切裂缝面附近母岩的渗透性。此外，由于剪切裂缝和张性裂缝相对于地应力场的方向不同，两种裂缝类型在生长过程中剪切、闭合和渗透率变化的潜力亦不相同。

一、剪切裂缝的命名法及分类

1.命名法

剪切裂缝的位移可能小于1mm，而当剪切裂缝的位移增大到一定程度，往往被认为是断层。事实上，一些学者更愿意将任意剪切裂缝统称为断层，这虽然拓展了断层的定义，但它的使用价值可能更低，从而导致广泛应用的术语"剪切裂缝"失去了归属。在尺度的另一端，地球物理学界通常使用"断裂"这一术语来描述任何可以通过地震成像识别的大型平面构造，该术语没有剪切或伸展的成因意义。

"剪切裂缝"一词在表示具有剪切位移的离散平面时非常有用，对于明显发育破裂带

（包括次级较小剪切裂缝、断层角砾岩和断层泥）的大型剪切构造，更倾向于称之为断层。断裂带通常还包括伴生角砾岩内的大型溶洞孔隙，并可见重复剪切和矿化作用的证据，没有指定位移量的阈值来区分剪切裂缝和断层，相反，该术语类似于某一用于连接水坑、池塘和湖泊的连续谱的词汇。尽管定义不够清晰，而且位移尺度存在重叠，但这些术语在日常用语中很有用，便于理解，而且在开展局部研究时，也容易对这些定义进行细化。

2. Anderson 剪切裂缝/断层分类

Anderson（1905，1942，1951）认为，至少在均质岩石和简单构造环境中，高角度剪切裂缝和断层具有走滑位移；中角度剪切裂缝具有正常的倾滑位移；低角度剪切裂缝具有反向倾滑（逆冲）位移（图 2-2-1）。此外，Anderson 认为这些几何形态应该形成于特定的应力条件。Anderson 裂缝/断层分类提供了许多岩心剪切裂缝的力学意义，虽然不是普遍适用，但它很有效。

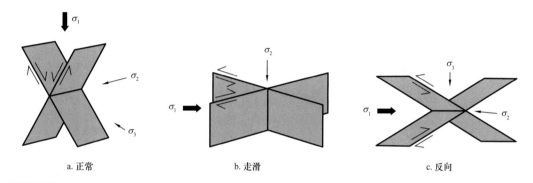

a. 正常　　　　　　　　　　b. 走滑　　　　　　　　　　c. 反向

图 2-2-1　Anderson 剪切裂缝/断层分类（据 Olsson 等，2004；Anderson，1905，1942，修改）

Anderson 裂缝/断层分类概述如下：

（1）具 60° 倾角（中角度倾角）的剪切裂缝发育正常的倾向滑动位移，最大压应力为垂直应力，最小压应力为水平应力，垂直于裂缝走向发生侧向延伸；

（2）具 90° 倾角（高角度倾角）的剪切裂缝最常见的特征是走向滑动位移，最大和最小压应力为水平应力，侧向挤压方向与裂缝走向斜交；

（3）具 30° 倾角（低角度倾角）的剪切裂缝具有明显的反向倾向滑动位移特征，表明最小压应力为垂直方向，最大压应力为水平应力，剪切作用通过将岩石推至小型逆冲断层斜坡并抬升上覆盖层来调节横向挤压作用。

如图 2-2-2 所示，30°、60°、90° 三种倾角的剪切裂缝仅属于理想状态；对岩心进行经验测量时，每种类型都表现出一定的倾角范围。此外，走向滑动、倾向滑动和反向滑动剪切裂缝的倾角范围重叠，反映了岩性非均质性和非理想的应力条件。在岩心中，具有水平走向滑动位移迹象（如擦痕面、擦痕和阶步）的高角度剪切裂缝的倾角通常大于 65°；

具有正常位移指示的中角度剪切裂缝的倾角在25°~75°之间；具有反向倾滑指示的低角度剪切裂缝的倾角通常小于40°。此外，许多具有表面指示标志（能够记录倾向滑动）的剪切裂缝并不符合Anderson分类。

剪切意义	倾角		
	0°~40°	35°~75°	65°~90°
反向倾滑	A	R	R
正常倾滑	R	A	R
走滑	R	C	A
倾斜	R	C	C
顺层	C，曲滑，逆冲斜坡		
A	安德森式，最常见		
C	常见		
R	罕见		

图2-2-2 简单构造环境下，岩心上走滑、倾滑、反向倾滑剪切裂缝的倾角范围

当地层变形程度最小时，Anderson裂缝分类应用效果最好；当岩石发育明显褶皱、倾斜、扭曲或断裂时，Anderson分类的适用性较差，因为剪切裂缝可以随着层理一起发生倾斜，导致裂缝不再具有原来的倾角或剪切意义。早期形成的裂缝也可重新活动，从而使最新的剪切运动指标与其几何形态不一致。一些剪切面显示叠加的斜向擦痕，记录了多次位移事件和多种位移方向。若岩石经历复杂的构造历史，Anderson三种裂缝类别之间的区别将变得模糊，甚至不再适用。另一方面，Anderson分类可以部分用于确定相交裂缝系统的形成期次（Olsson等，2004）。

剪切裂缝通常以共轭对形式出现。共轭对的理想交角是60°，但常见的共轭对交角大小不等（Hancock和Bevan，1987）。除非确定岩心的方向，或者将大套层段的岩心小心拼接在一起，否则很容易忽略岩心中裂缝的共轭性质。然而，由于岩心仅提供了小部分地层样本，剪切裂缝可能发育于未见完整共轭对的岩心中。此外，许多共轭裂缝对不是系统性的，共轭对中有一半裂缝在任何给定的位置均占据主导地位（Seyum和Pollard，2012；Shainan，1950）。即使在岩心或成像测井中未发现相交共轭对，也并不意味着在更大尺度的储层中未发育相交共轭裂缝。

然而，共轭几何形态可以作为剪切裂缝系统识别标准的一部分，事实上，它可能是成像测井中唯一可靠的剪切证据。鉴于叠加的张性裂缝可以形成类似的几何相交形态，在进行解释时必须注意。进行剪切解释时，应该尽可能地利用其他判据，如层理位移、剪切相关的裂口形貌和相对于地应力的裂缝方向。

在单向拉伸（平面应变剪切）的情况下，相交共轭剪切面的 Anderson 模型是有效的，但是部分剪切裂缝系统由两个共轭剪切对正交排列组成，这意味着拉伸作用发生在两个方向（Anderson，1989；Reches 和 Dieterich，1983；Sagy 等，2003；图 2-2-3）。这类组系，或复杂构造背景下斜向剪切面的再度活化，可能导致某些裂缝系统中发育多个剪切对，也可能导致其他裂缝系统发生倾斜滑动，但从岩心提供的最小样本记录这类裂缝系统存在较大难度。

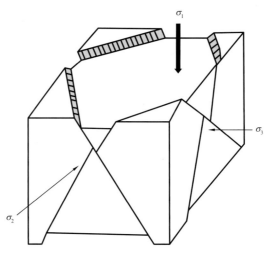

图 2-2-3 如果剪切裂缝在两个方向而不是一个方向上发生延伸（如某些裂谷盆地环境；Sagy 等，2003），有可能形成两对倾斜剪切对。三个坐标轴分别表示最大压应力（σ_1）、中间压应力（σ_2）和最小压应力（σ_3；据 Reches 和 Dieterich，1983）

顺层剪切裂缝也不符合 Anderson 分类。它通常在褶皱的薄层岩石中以弯曲滑动的形式形成，沿层理面发生应变，类似于在折叠的电话簿书页之间进行剪切。这种体系的挠曲滑动裂缝面上的擦痕通常与褶皱层理的倾角方位平行，但它们可能在随后的岩层变形过程中，在斜向剪切作用下发生旋转或重新活动。顺层剪切裂缝也可以连接低角度剪切裂缝（由逆冲断层带中常见的小型斜坡和平台构造所构成）。

顺层剪切作用发生于力学性质较弱的层理界面，倾角由层理的倾斜程度决定，而不是由 Anderson 力学准则决定，倾角并不能说明这些裂缝的起源模式。

二、剪切裂缝尺寸

从岩心获取的数据对剪切裂缝高度的约束不如对张性裂缝高度的约束好，它们通常与岩心轴线斜交，因此岩心只能捕获每条裂缝的小部分样本。另一方面，出于同样的原因，岩心可能会捕获到较大数量的剪切裂缝样本。

由于与剪切相关的岩石位移可能比张性裂缝大得多，相比于张性裂缝，剪切裂缝更有可能切割地层界面，穿过多个岩性或地质力学单元。因此，尽管更有可能增强层状油藏内部的垂向连通性，但剪切裂缝高度受岩心数据的约束较差。与张性裂缝一样，剪切裂缝的长度基本上不受岩心数据的约束。

相比非矿化张性裂缝面，非矿化剪切裂缝面通常更加粗糙，这是由沿剪切面形成的阶步和雁列式结构，以及这些裂缝面相互之间的不规则位移所造成的。剪切裂缝的开度是不连续的，因此沿剪切面发育的流体路径是围绕粗糙凸起分布并连通邻近凹穴的曲折通道。由于原始剪切面粗糙、不规则，剪切裂隙矿化带倾向于不连续分布。沿剪切裂缝分布的凹穴可能发生结晶矿化作用，表明矿物生长至开阔的空隙中，同一裂缝上相邻的凸起由于与对侧裂缝面接触而未发生矿化作用。更重要的是，尽管剪切裂缝的缝隙具有较高的导流能力，其表面也可能发育阻碍流体从基质流入裂缝的擦痕面（Nelson，2002）。

剪切裂缝常以共轭对形式出现，这意味着剪切裂缝的走向往往比张性裂缝的走向具有更大的变化（图2-2-4）。裂缝走向测量还必须辅以裂缝倾角测量，以充分评价倾向滑动和反向倾向滑动剪切裂缝网络的几何形态。在玫瑰图上，剪切裂缝的平行走向与张性裂缝相似，但在立体图上，剪切裂缝明显表现出相反的倾角方位和相交的倾角。

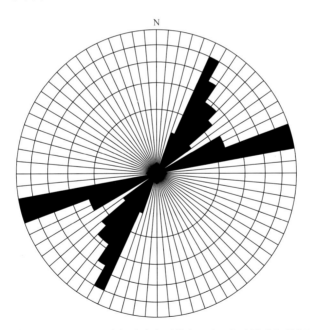

图2-2-4 西得克萨斯州古生界Spraberry组海相砂岩水平井岩心中一组走滑共轭剪切裂缝的走向分布（$n=56$；据Lorenz等，2002）

裂缝间距是流体流动模型中常用的输入参数，在发育平行张性裂缝面的水平井岩心中很容易测量。当裂缝系统由两组相交的共轭剪切裂缝组成时，测量裂缝间距的意义不大。每组共轭对的法向间距通常呈对数正态分布（图2-2-5），但是测量相交裂缝之间的间距没有意义，因为它取决于岩心与两个裂缝面交点的距离。但通过定量岩心资料，可以估算由相交裂缝围起的储集块体的体积。

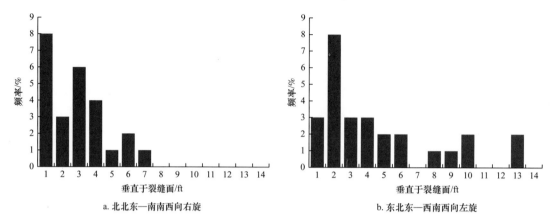

a. 北北东—南南西向右旋

b. 东北东—西南西向左旋

图 2-2-5 西得克萨斯州古生界 Spraberry 组海相砂岩水平井岩心内共轭走滑剪切裂缝对中的走滑共轭剪切裂缝的间距（据 Lorenz 等，2002）

三、剪切裂缝裂口形貌

剪切裂缝面可以通过多种特征进行识别，包括擦痕面、擦痕、雁列结构、水流蚀痕、光泽面、层理位移以及增生和非增生阶步。Petit 和 Laville（1987）对剪切裂缝的纹路及其解释进行了详细的研究（Doblas，1998），但由于大多数油气藏的构造变形程度较低，油气储层岩心中仅常见部分判别特征。矿化带也能记录剪切作用，当位移较大时表现为剪切晶体（滑抹晶体；Hancock，1985），当位移较小时则表现为阶状、不对称的鱼鳞状结构。如果矿化作用已经沉淀到剪切裂缝面上，那么矿化带看起来也发生了剪切作用，保留了剪切和擦痕状裂口形貌。剪切过程中形成的断层泥或小尺度角砾岩可能阻塞剪切裂缝。

1. 擦痕面、擦痕、增生阶步

擦痕面指在剪切过程中，由于高正应力将裂缝面挤压在一起而产生的明显剪切位移所形成的具有玻璃光泽、变质、条纹状擦痕的断裂面（图 2-2-6、图 2-2-7）。擦痕面通常也表现为剪切过程中断层泥的增加而形成的低幅度阶步（图 2-2-8）。非对称阶步的陡坡似乎起到了单向棘轮的作用，以防止发生反向剪切作用。因此，可以根据条纹和阶步不对称性所指示的运动方向，推断剪切面上最近一次的位移方向。

擦痕通常指未发生表面变质作用的裂缝面上的线状条纹（图 2-2-9）。在断距较小和垂直于裂缝面的应力值较低时，会形成擦痕。低固结成岩的岩石在剪切过程也可形成擦痕。擦痕指示了裂缝面最近一次运动的方向，但如果没有阶步来指示运动方向，解释的运动方向则可能会存在 180° 的偏差。

图2-2-6 强胶结的石英砂岩水平剪切面上的擦痕，指示最近一次的位移方向平行于双箭头。伴生的不对称增生阶步指示缺失的岩块向右下角移动。3in直径直井岩心；井孔向上方向朝远离观察者方向

图2-2-7 砂岩中具有擦痕且填充断层泥的裂缝的两个视角照片。b是a中箭头指示的表面。白色非钙质断层泥是一种黏土质物质，由剪切过程中磨成岩粉的砂粒组成

图2-2-8 擦痕记录了砂岩中高角度剪切裂缝的倾斜走滑位移。不对称增生阶步指示左旋运动。裂缝面上保留有断层泥斑块。4in直径直井岩心；井孔向上方向朝照片顶部

图2-2-9 灰色页岩中倾斜剪切面上指示顺倾位移的擦痕。裂缝表面被泥状锈红色方解石矿化附着。剪切方向（正向或反向）不确定，但在裂缝面倾角为50°的情况下，发生正常位移的可能性大于反向倾滑位移。4in 直径直井岩心，井孔向上方向朝观察者

2. 雁列式构造

一些剪切裂缝通过在剪切带内形成雁列式裂缝带进而造成小尺度的位移（图2-2-10、图2-2-11），而不是沿着一个更连续、更离散的剪切面形成位移，这通常是因为岩石在断裂时相对具有延展性。通常认为雁列式裂缝带是剪切带内发育的较短的张性裂缝。雁列式裂缝带也被解释为与剪切带总体走向呈低角度接触的里德尔剪切带，尽管它们很少有剪切的迹象。共轭雁列式裂缝在石灰岩中最为常见，但也可能出现在其他任何岩性中（在适当的温度和压力条件下相对具有延展性，可以发生断裂）。

图2-2-10 泥质砂岩中走滑剪切裂缝的左阶方解石矿化带。相关的诱导花瓣状裂缝（"PF"，平行于红线）的走向以及岩心内发育一组共轭对，指示剪切带走向与最大水平压应力的夹角呈逆时针40°。4in 直径直井岩心，井孔向上方向朝观察者

图 2-2-11 纯净砂岩中倾滑剪切裂缝系统发育的雁列式构造的两个视角照片。包围阶状结构的区域源于两个剪切带形成的共轭 X 型裂缝（走向平行，倾向相反）的一条分支。上部岩心相对于下部岩心向下移动，发生微小的正常滑动位移。阶步之间的陡坎并非由剪切过程形成，而是由雁列式结构之间的岩心断裂所造成。推断共轭角等分线是垂直的。4in 直径直井岩心，井孔向上方方向朝照片顶部

有些裂缝仅呈现了分段结构，但在三维空间中这些裂缝段可连接成一个平面。这是张性裂缝挠曲粗糙破裂面的典型模式，因此在基于雁列式构造进行剪切解释时必须谨慎对待。对于共轭裂缝对中的一组裂缝，雁列式剪切段也将一致地朝一个方向阶跃；对于另一组裂缝，则一致地朝另一个方向阶跃。

与共轭锐角平分线呈顺时针方向运动的裂缝段向右阶跃，另一组裂缝段则向左阶跃。如果裂缝段的阶跃方向不同，则分段裂缝可能与雁列式剪切的分布模式不一致（图 2-2-12、图 2-2-13）。某些雁列式构造可能与窄剪切带的总体走向平行，而其他系统中的雁列式构造则高角度斜交于更宽的剪切带，这取决于断裂作用时岩石的应力比和延展性，如 Smith（1996）提出的收敛和发散的雁列式岩脉排列。

3. 阶步

当毫米级尺度位移不足以形成擦痕面、擦痕或雁列式构造时，剪切裂缝面通常发育小型、低幅度的阶步（图 2-2-14 至图 2-2-16）。阶步的长滑动面本质上是小尺度、不连通、呈梯级状的裂缝段，而短陡坎则是阶步之间新近断裂的连接部位，与上述裂缝段类似，但尺度要小一些，具有相同的不对称性。这些阶步相对于位移方向的不对称性与在擦痕面上的阶步相反，主要由大规模剪切位移所产生的岩石增生、粉碎所构成。

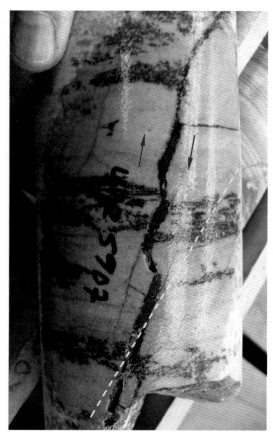

图 2-2-12　雁列式重叠裂缝段，指示油浸、弱胶结砂岩中发育与中角度倾滑剪切作用相关的狭窄剪切带。括号表示剪切带的宽度，其间发育裂缝段，推断的共轭角等分线是垂直的。4in 直径直井岩心，井孔向上方向朝照片顶部

图 2-2-13　雁列式重叠裂缝在砂岩剪切带内形成了一个裂缝组系。持续的剪切作用破坏了两段岩石，形成较宽的裂口并相互连接。不规则的油浸指示了层理位移，但它们仅是位移量的近似指标。缝隙部分被油浸方解石矿化充填。照片底部附近空隙中的纤维材料是"堵漏材料"（通常用 LCM 表示，可能由雪松树皮组成），它们在取心过程中被泵入井眼，以减少钻井液漏失至裂缝系统。雁列式裂缝段的位移与共轭形式不符，后者形成具有垂直共轭平分线的直立 X 型裂缝的一个分支，但是该岩心取自高度变形的构造域，并且 X 型裂缝可能发生倾斜，从而使 X 型裂缝的等分线沿黄色虚线指示的方向，而不是垂直且平行于岩心轴线。4in 直径直井岩心，井孔向上方向朝照片顶部

图 2-2-14　新墨西哥州中部宾夕法尼亚系 Abo 组粗粒河道砂岩中的中角度共轭倾滑剪切裂缝的两个视角照片。a. 平行式倾滑共轭裂缝对；b. 左倾裂缝面显示阶梯状表面，记录了少量的正常倾滑剪切裂缝，其中共轭角的平分线和最大压应力是垂直的，缺失的岩块向上移动不超过 1mm，这与裂缝面上阶步的不对称性有关

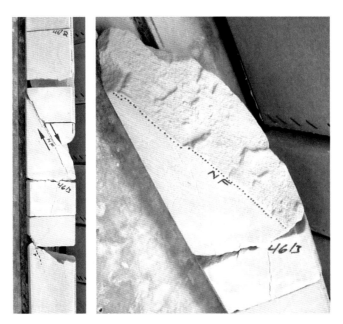

图2-2-15 砂岩岩心中中角度、法向位移、阶梯状剪切裂缝的两个视角照片。这些阶步记录了小规模的剪切位移，裂缝右侧的岩心段（"NF"）相对于裂缝左侧的岩心段向下移动。这些阶步的位移和推断的共轭对的垂直平分线与图2-2-11所示的雁列式裂缝段发育于同一岩心，表明它们的判别特征尺度不同，但起源相似。4in 直径直井岩心，井孔向上方向朝两张照片顶部

图2-2-16 水平砂岩岩心中的阶梯状高角度走滑剪切裂缝面。阶步指示左旋剪切作用，缺失的岩块朝远离观察者方向移动。$2\frac{5}{8}$in 直径水平井岩心，地层向上方向朝照片顶部，井孔向上方向远离观察者

  如果在没有高正应力保持裂缝闭合的情况下继续发生剪切作用，那么裂缝面边缘就会变得光滑甚至形成擦痕面（图2-2-17）。持续剪切作用则会形成更常见的擦痕面。

图 2-2-17 阶梯状剪切裂缝面上的持续剪切作用可能最终形成擦痕面和断层泥，但是如果剪切作用持续时间较短，特别是垂直于断面的应力较小时，则阶步的高部位发生滑动，而不影响阶步之间的低部位。油浸交错层理砂岩的高角度走滑剪切裂缝。4in 直径直井岩心，井孔向上方向朝照片顶部

4. 肿缩构造

当从垂直于断面的横截面进行观察时，"肿缩构造"描述了一种细微的样式，它通常与沿着阶梯状剪切裂缝的最小位移有关。如果位移量大约为 1cm，则可以很容易地将不规则的裂缝平面重新组合至初始剪切位置（图 2-2-18）。但是当位移大小倾斜于观察平面时、当位移量约为几毫米或只能用手持放大镜观察到位移大小时（图 2-2-19 至图 2-2-22），这种样式则并不明显。

图 2-2-18 切割裂缝面的大尺度肿缩构造。裂缝内充填石英，母岩为石英胶结的石英砂岩。高角度剪切断裂，倾滑位移约为 2cm。2.5in 直径直井岩心，井孔向上方向朝照片顶部

图 2-2-19 方解石胶结砂岩中，沿相交共轭剪切面分布的小尺度、方解石矿化充填的肿缩构造。这些高角度裂缝具有斜滑位移，形成于背斜冲断前翼的复杂构造环境。4in 直径直井岩心，井孔向上方向朝照片顶部

图 2-2-20 石灰岩中发育的小尺度、高角度走滑剪切裂缝的两个视角照片。两条多组线状裂缝（中部和左部）呈雁列式分布，在狭窄的剪切带内形成右旋剪切裂缝。右侧肿缩构造记录了相同的剪切意义，但它的位置更局限，并且位移稍大。在岩心之外的较大尺度裂缝系统中的某个位置，预期可发现一个互补的左旋裂缝组，相对于这些裂缝呈顺时针旋转 60°。4in 直径直井岩心，井孔向上方向朝观察者

　　小型剪切裂缝表现出的肿缩构造相对较为常见，但它们也通常呈紧密胶结状，因此台阶面很少出露。在出露的地方，裂缝面呈现出不对称的阶步（图 2-2-23）。这些台阶较小，但在某些方面类似于上文所述的较大的剪切裂缝阶步。

　　沿平行裂缝面偶见肿缩构造（图 2-2-24）。由于剪切裂缝通常以共轭面而不是平行面的形式存在，这表明早期的平行张性裂缝在剪切作用下重新活动。

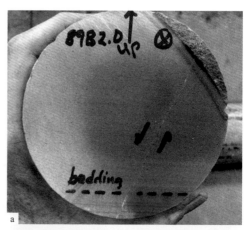

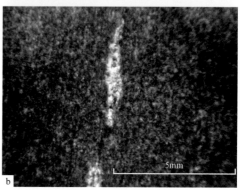

图2-2-21 钙质页岩岩心中方解石矿化充填的肿缩构造，记录了中角度倾滑剪切作用。该岩心中未发现走向平行、倾角相反的互补剪切裂缝。4in 直径直井岩心，井孔向上方向朝照片顶部

图2-2-22 沿中角度垂向倾滑剪切面分布的两个模糊、方解石胶结的小尺度肿缩构造。a. 细粒方解石胶结砂岩中的剪切裂缝，照片底部的层理位移指示了剪切裂缝的位移尺度，有关该裂缝面的裂口形貌见图 2-2-23，4in 直径水平井岩心，地层向上方向朝照片顶部，井孔向上方向朝远离观察者方向；b. 显微照片，展示了大块细粒粉砂岩中沿中角度倾滑剪切裂缝分布的小尺度肿缩构造的局部。4in 直径直井岩心，井孔向上方向朝照片左上方

图2-2-23 具有毫米级尺度位移的肿缩剪切裂缝的阶状表面的罕见照片。裂缝被方解石（白色）胶结，但与对侧裂缝面接触的粗糙面未发生矿化作用（灰色）。这是图 2-2-22a 中所示的同一岩心中的一条小尺度剪切裂缝。4in 直径水平井岩心，地层向上方向朝照片顶部，井孔向上方向朝远离观察者方向

图 2-2-24 倾斜层状页岩质灰岩中,许多平行的剪切面一致向左下方发生小尺度位移。平行剪切面通常不作为主要构造样式,因此它们可能是平行的张性裂缝在剪切作用下重新活动并连接在一起。一种可能的力学解释是,在褶皱过程中,顺层剪切作用在地层内产生二次剪切,从而倾斜并重新激活了一组早已形成的张性裂缝。4in 直径直井岩心,井孔向上方向朝照片顶部

5. 剪切面和光泽面

泥质岩石剪切面上的黏土可以通过剪切作用进行排列,从而形成一个光亮的镜面,通常表现为擦痕(图 2-2-25)。层理和化石的微小位移发现,这些光泽面具有令人惊讶的微小位移(小于几毫米)。部分裂缝被风化盖层和方解石矿化充填(图 2-2-25、图 2-2-26),表明裂缝光泽面之间存在渗透率和流体流动,尽管此时裂缝间隙可能被堵塞,或至少因矿化作用而减小。其他剪切裂缝未发生矿化作用(图 2-2-27)。残留在光泽面的水滴在浸入岩石之前就已经蒸发,这表明裂缝面的渗透率较低。

图 2-2-25 泥质页岩中已矿化充填、具有光泽和擦痕的低角度裂缝面。擦痕(平行于红色虚线)与剪切面的倾角和走向斜交,不适用 Anderson 分类,表明在裂缝面形成期间或之后构造变得复杂。半透明的方解石矿化层充填了原始裂缝缝隙,在矿化物自裂缝面剥落的地方(红色箭头)呈白色。4in 直径直井岩心,井孔向上方向朝照片顶部

图 2-2-26 泥质页岩中近水平、具有光泽和擦痕的剪切面。线状构造指示左—右位移，低幅度表面略微不对称，发育具有擦痕的左向斜面，表明缺失的岩块向右移动。结晶方解石沉淀在右向斜面的右侧，充填凹穴，左侧有几毫米的位移。4in 直径直井岩心，井孔向上方方向朝观察者

图 2-2-27 泥质页岩中具有擦痕、近水平的剪切面。发生剪切变形并变质的岩层厚度大约为 0.5mm，并从母岩上剥落，露出未变形、无构造的泥岩。4in 直径直井岩心，井孔向上方方向朝观察者

6. 抹滑晶体

剪切裂缝 / 断层内的矿化作用通常也表现出非对称的阶状特征，其线状结构称为抹滑晶体（矿物纤维或晶体在剪切作用下排列，并与裂缝壁呈锐角；Hancock，1985）。层理位移表明阶步的不对称性并指示了剪切方向，即阶步的陡峭面朝向缺失岩块的移动方向（图 2-2-28）。

抹滑晶体表明矿化物的剪切作用发生于沉淀过程中或沉淀后。如果矿化为方解石，且方解石为孪晶，则可能是在沉积于裂缝后发生了应变和剪切作用。剪切方解石往往呈白

色、不透明和无定形状，而剪切作用后沉积在裂缝中的非应变方解石通常呈透明、半透明和结晶状。

泥质页岩中，沿中角度倾滑剪切裂缝分布的抹滑结晶的两个视角照片。两张照片中缺失的岩块都以垂直剪切向下移动，由层理位移和方解石阶步的不对称性所指示。2in 直径直井岩心，井孔向上方向朝两张照片顶部

7. 剪切作用的其他证据

在只有裂口边缘显露的地方，或者由于溶解、矿化、钻井液等原因导致裂口形貌模糊的地方，可能存在其他指示剪切作用的证据。位移层理（图2-2-29）、沿剪切面分布的角砾岩、以及成对剪切面之间形成的呈不规则四边形的张性空隙（图2-2-30、图2-2-31）等证据可能是较为常见的。当一组裂缝系统的高角度张性裂缝重新活动并通过二次剪切作用互相连接时，就会形成看似非系统但具有独特标志的不规则裂缝样式，该类证据往往不太明显（图2-2-32）。

当然，并不能保证剪切裂缝出露的平面能提供最佳的位移量，事实上，如果剪切方向在该平面内外，通常很难检测和确定位移。因此，必须从各个方面对岩心进行检查，以获得完整的岩心裂缝三维视图。

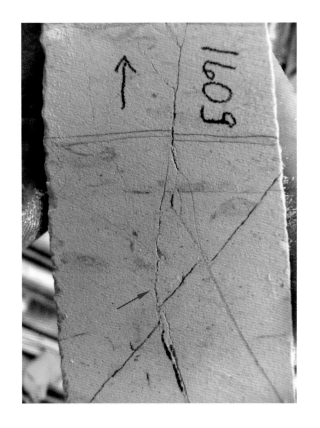

图 2-2-29 白垩岩心中的剪切裂缝，记录了照片顶部附近的对偶层和中部棕色倾斜裂缝（箭头下方）的位移。如果位移垂直并平行于岩心切片，则明显感觉这两种位移在力学性质上不可能发生。但是，箭头处突显的弯曲状剪切面表明，大部分位移发生在照片的平面内外。此外，尽管在这种二维露头中不明显，但照片中从右上角到左下角切割的棕色裂缝面向左下方和向观察者倾斜，因此沿白垩中部楔形的走滑剪切作用导致明显的垂直位移。4in 直径直井岩心的四分之一残余端，井孔向上方向朝照片顶部

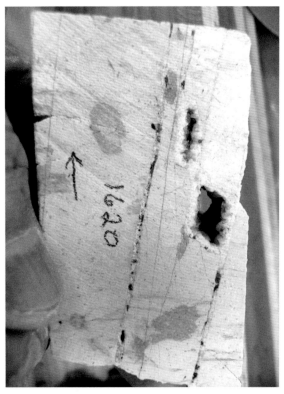

图 2-2-30 白垩岩心两个不规则四边形的张性空隙内部发育方解石晶体。这些结构由沿近垂直裂缝的垂直剪切位移以及沿水平面的拉分作用而形成，可能与层理有关。沿层理面的剪切作用和垂直层理的张性裂缝开启也可以形成类似的不规则四边形空隙。4in 直径直井岩心的四分之一残余端，井孔向上方向朝照片顶部

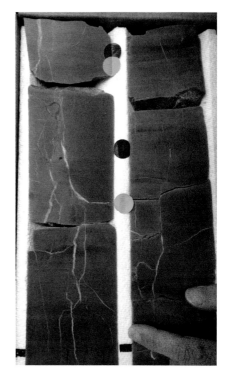

图 2-2-31 沿小型高角度走滑剪切裂缝分布的小尺度张性空隙。4in 直径直井岩心，井孔向上方向朝观察者

图 2-2-32 细粒灰岩中的不规则裂缝系统，包括相对平坦的高角度张性裂缝（裂缝走向与岩心切片斜交，放大了裂缝的不规则性）和张性裂缝之间的弯曲、低角度剪切裂缝。剪切作用叠加于张性裂缝系统。4in 直径直井岩心，井孔向上方向朝照片顶部

四、高角度剪切裂缝

在 Anderson 分类中，高角度剪切裂缝是最大压应力为水平应力、垂直应力为中间压应力时形成的走向滑动剪切裂缝。在理想的均质力学介质中，高角度剪切裂缝均具有垂直倾角，且表现为水平走滑位移。但是，在下面的实例中，如果裂缝的倾角大于 65°，且裂缝面上的擦痕与水平方向的夹角不超过 15°，那么就认为该裂缝属于高角度走滑剪切裂缝。在构造复杂背景下，有许多这样的实例：一条近垂直的剪切裂缝的位移是倾斜而不是水平的，倾角小于 65° 的裂缝发生水平位移，或者走滑裂缝形成的近垂直倾角已随层理发生倾斜，相对于垂直方向不再具有高倾角，尽管它仍然垂直于层理。

与高角度张性裂缝一样，高角度剪切裂缝与直井岩心相交的概率较低，因为裂缝平面与岩心轴线近平行（见图 2-1-43）。直井岩心和成像测井对正、反倾滑剪切裂缝的倾斜面有较大的捕捉概率，其相交概率取决于裂缝倾角和强度。斜裂缝和定向井筒的交叉概率也取决于井筒方位和井斜，以及裂缝的走向和倾角，由于一维井眼和裂缝平面偏离垂直或水平方向，从一维井眼数据计算不同裂缝组的相对丰度则变得难以约束。

岩心裂缝位移的右旋与左旋方向确定采用与露头相同的标准（阶步、纹路、位移量等；Petit 和 Laville，1987；Ramsay 和 Huber，1983）。

1. 高角度走滑剪切裂缝

理想的高角度剪切面具有近垂直的倾角，呈现水平位移的指示标识（图 2-2-33、图 2-2-34）。如果水平擦痕 / 线理被矿化作用掩盖或被溶蚀作用消除，变化的倾角以及均匀的走向可以作为走向滑动位移的证据（图 2-2-35、图 2-2-36），源于张性裂缝通常为平面裂缝而非弯曲裂缝，且倾角变化不会影响水平面上的位移。角砾岩也表明在未能观察到裂缝面的地方可能发生剪切作用（图 2-2-37）。

图 2-2-33 泥质粉砂岩中具有擦痕的高角度走滑剪切面将岩心垂直切分成两半，由于在处理过程中岩心沿层理发生破裂，因此岩心被分成许多碎块。岩心来自大陆尺度的走滑构造环境。已将显著位置的岩心碎屑裂缝面的钻井液清洗，但仍遮盖了其余大部分裂缝。4in 直径直井岩心，井孔向上方向朝远离观察者方向

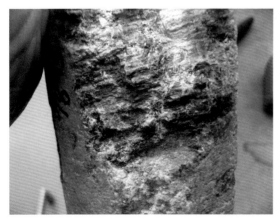

图 2-2-34 白云岩中高角度剪切面上的增生、不对称阶步，指示右旋走滑位移。岩心取自位于逆冲断层带前缘的一口井，由于水平方向具有较高逆冲挤压应力，预计会出现走滑和反向倾滑剪切裂缝。4in 直径直井岩心，井孔向上方向朝照片顶部

图 2-2-35 油浸风成砂岩岩心拼接块中不规则的高角度走滑剪切面的两个视角照片（横切面 a. 和正面 b.）。如 a. 所示，走滑剪切在垂直剖面上可能不规则，在平面视图的横截面上呈线性，发生水平位移。略微倾斜的擦痕和增生阶步指示左旋位移。4in 直径直井岩心，井孔向上方向朝两张照片顶部

图 2-2-36 方解石胶结风成砂岩岩心切片中的高角度剪切裂缝的两个视角照片。a. 裂缝面（箭头）不规则，倾角发生变化，但在岩心范围内，其水平横截面呈平面线状，指示走滑剪切裂缝，尽管没有保留裂口形貌，裂缝宽度也不规则，但母岩岩性不受溶蚀影响，以及在岩心其他地方存在更明显的剪切裂缝标志，支持了上述解释（不应将单个裂缝解释为独立构造，而应使用尽可能多的相互支撑的特征来解释岩心中的裂缝组合）；b. 与箭头相反方向的矿化裂缝面的含油渍方解石，小型、定义不清的晶体表明方解石矿化作用较弱。4in 直径直井岩心，井孔向上方向朝两张照片顶部

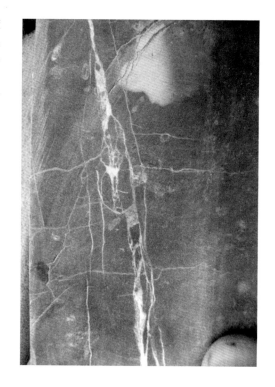

图 2-2-37 细粒白云岩岩心切片出露的不规则高角度裂缝。角砾岩指示剪切作用，但在该平面上位移不明显。陡峭的倾角以及位移层理的缺失，表明在照片平面内外发生水平位移。岩心取自广泛发育褶皱和断裂的背斜中，取心进尺很短，表明岩层发生严重断裂。4in 直径直井岩心，井孔向上方向朝照片顶部

2. 非理想型高角度剪切裂缝

在实验室评估时，岩心很少保持在原地状态，横切垂直岩心的水平面上的左旋剪切裂缝（图 2-2-38）。在岩心颠倒时，似乎呈现出右旋剪切裂缝特征，而通常情况下，这个位置能更好地进行裂缝观察。此外，一些看起来与沿不规则剪切裂缝面拉分作用有关的缝隙实际上可能是溶蚀缝。

构造复杂背景下形成的高角度剪切裂缝可能不符合 Anderson 模型。图 2-2-39 展示了相对陡峭但倾角变化、倾角方位相反的剪切裂缝，指示了一组倾向滑动共轭剪切对，裂缝上的擦痕高度倾斜，在断裂面上倾斜约 45°。其他的裂缝则发育由沉积层而不是剪切位移形成的假擦痕（图 2-2-40）。

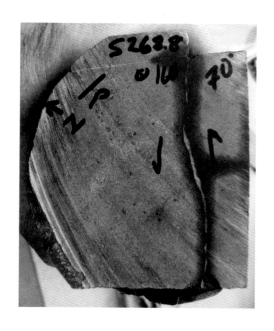

图 2-2-38 细粒灰岩岩心切片出露的高角度剪切裂缝发生明显的左旋位移。由于沿断裂面发生溶解作用，裂缝开度呈不规则状，并且可能由倾斜位移开启的空隙发育而成。"160°"左侧的"圆圈—点"表示为岩心俯视照片，朝井孔向下方向观察。如果这是从岩心段底部朝井孔向上方向观察的视图，则剪切箭头指示的位移方向将保持不变，但将解释为右旋位移。定向井岩心，根据定向测量数据计算了岩心上标记的裂缝走向（160°，70°）。4in 直径直井岩心，井口向上方向朝观察者

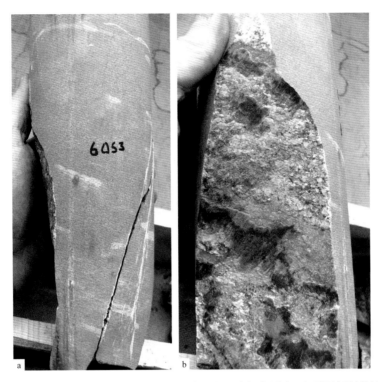

图 2-2-39 裂缝面上倾斜擦痕（b. 中从右上方至左下方）的两个视角照片，记录了倾斜剪切作用形成的高角度剪切裂缝。a. 岩心左侧的弯曲裂缝面；b. 一组裂缝面，方解石晶体沉积在位移粗糙面之间的凹穴中，粗糙面向对面拖曳形成擦痕面。成因未知的黑色物质（可能是储层中早期充注原油的残余物）覆盖了大部分裂缝面。4in 直径直井岩心，井孔向上方方向朝两张照片顶部

图 2-2-40 不规则高角度张性裂缝上的假线状构造，类似于走滑剪切作用，但实际上由风成砂岩交错层理的粗细分层所造成。4in 直径直井岩心，井孔向上方方向朝照片顶部

五、中角度剪切裂缝

理想的 Anderson 中角度剪切裂缝/断层的倾角为 60°，发育记录正常倾向滑移的擦痕。岩心上中角度剪切裂缝的实际几何形态并没有受到严格的限制，在倾角为 35°～75° 之间的剪切面上发育平行于倾角的擦痕或台阶面（图 2-2-41、图 2-2-42）。中角度剪切裂缝通常以共轭对的形式出现，具有平行的走向和相反的倾角方位（图 2-2-43）。这可能并不明显，除非从岩心盒中取出长段岩心并拼接在一起进行观察。中角度岩心剪切裂缝剪切面上的擦痕记录的位移方向与倾角方位的夹角一般在 15° 以内。

当上覆地层重力为最大压应力时，可形成理想的中角度剪切裂缝。然而，与高角度剪切裂缝一样，可以在与初始破裂条件无关的构造复杂环境中发现这些裂缝，中角度剪切面上的擦痕走向可以记录斜向滑移甚至走向滑移（图 2-2-44、图 2-2-45）。在给定中等倾角和简单构造背景的情况下，具有极少或无裂口形貌标记的倾斜裂缝面最有可能被解释为剪切裂缝（图 2-2-46）。但如前文所述，中角度裂缝也可能形成于张性环境。一些剪切裂缝记录了复杂的变形历史，从叠加、多期交切的证据解释这些裂缝作用并不容易（图 2-2-47）。

中、低角度剪切裂缝斜切直井的轴线，因此很有可能被岩心或成像测井所捕获。倾斜裂缝与定向井或水平井相交的概率也很高，但也受裂缝走向与井眼方位的约束。

泥质地层中常见固结成岩作用前形成的中角度压实剪切裂缝，成岩作用后在高应力条件下则形成更为平坦的中角度剪切裂缝。然而，据后文描述，压实剪切裂缝通常见波纹状表面和非系统性的走向。

图 2-2-41 泥质页岩中一组中角度、未矿化的剪切面的两个视角照片。剪切面倾角为 48°，发育与倾角平行的倾滑擦痕。黏土颗粒在剪切过程中平行于裂缝面排列，形成光泽面。4in 直径直井岩心，井孔向上方向朝两张照片顶部

图2-2-42 固结、方解石胶结砂岩中的中角度剪切面的两个视角照片。a. 略微起伏的裂缝面的边缘轮廓，发育厘米级尺度的肿缩构造，从而限制了位移，剪切裂缝下方用虚线勾勒出的弧形指示诱导花瓣状裂缝，井孔向上方向朝照片顶部；b. 该裂缝的阶梯状表面，在深色粗糙面上发育略微倾斜的倾滑擦痕，中间点缀着白色方解石斑块，白色方解石沉淀于粗糙面之间的凹穴，井孔向上方向朝远离观察者方向。4in 直径直井岩心

图2-2-43 块状泥岩发育的中角度剪切面的两个视角照片。a. 用蓝色箭头标记的两条剪切裂缝具有平行的走向；b. 岩心左侧切片上的近水平特征和相反的倾角所表示，裂缝面发育微弱的倾滑擦痕和薄层方解石，但被钻井液掩盖。4in 直径直井岩心，井孔向上方向朝两张照片顶部

图2-2-44 中角度剪切裂缝的两个视角照片，显示了完整岩石斜面的边缘视图和小型次生剪切裂缝（a）和方解石滑晶（b），记录了走滑位移。缺失的岩块向观察者右侧移动。4in 直径直井岩心，井孔向上方向朝两张照片顶部

图2-2-45 泥质砂岩发育的中角度剪切裂缝，倾角为50°，擦痕指示裂缝面最后的运动方向与倾角呈60°。4in 直径直井岩心，朝井孔向下方向观察，井孔向上方向由照片平面斜向外、朝观察者

图2-2-46 某些成因不明的中角度倾斜裂缝。泥质灰岩中的此种倾斜裂缝既不能提供层理位移也不能提供有助于确定其起源的裂口形貌证据。很多时候，基于相同岩心中类似和／或平行裂缝中发现的更明确的证据，可以合理地解释该类裂缝。该裂缝位于背斜脊部的中等变形构造环境，可能是倾滑剪切裂缝，但位移较小。4in 直径直井岩心，井孔向上方向朝照片顶部

图 2-2-47 轻微变质的砂岩—页岩层序中发育的不规则剪切裂缝。主剪切面在剪切和拉张共同作用下开启，导致层理位移数毫米。裂缝的总体走向倾斜于层理，相对于垂直方向倾斜。2in 直径岩心。层理倾斜、井孔倾斜。井孔向上方向和地层向上方向未知

六、低角度剪切裂缝

理想的 Anderson 低角度剪切面的倾角为 30°，具有平行于倾角方位的反向（逆冲）位移。与千米级逆冲断层一样，岩心尺度的剪切裂缝记录了在地层破裂时，水平压应力超过了垂直应力，并沿着低角度斜坡抬升上覆盖层。由于低角度剪切裂缝与直井轴线相交，因此被岩心或成像测井所捕获的概率很高，而且很少单独出现在岩心中。

尽管数量不多，但切割相对简单构造背景下发育的岩心时，也发现了数量惊人的低角度剪切裂缝。此外，许多岩心的低角度剪切裂缝的位移仅为数毫米或数厘米，这表明剪切破裂和微小位移提高了裂缝系统的应力水平，阻止了裂缝进一步扩展。

在岩心和成像测井中很难识别低角度剪切裂缝，这是因为其与层理类似，而且沉积岩很少提供可以用来记录位移量的垂向特征（图 2-2-48）。必须检查岩心端部和裂缝面是否发育指示剪切作用的擦痕和阶步（图 2-2-49、图 2-2-50），有时有必要沿疑似的低角度剪切面剖开岩心，以便获得足够的证据从而作出正确的解释。在某些构造域，倾斜擦痕叠加在裂缝面上的记录表明，低角度剪切裂缝的重新活动现象十分常见。

低角度剪切裂缝可以共轭对的形式出现在岩心中，但必须对岩心进行细致观察，并将连续层段的岩心仔细拼接在一起，以便识别平行走向和反向倾角特征（图 2-2-51、图 2-2-52）。通常沿倾斜层理的优势方向可能发生低角度剪切作用，有时沿发育良好的交错层理前积层发生低角度剪切作用。这些构造可以提供共轭对中的一组裂缝，共轭对的另一组裂缝则不规则地斜切层理（图 2-2-53）。岩心中一些低角度裂缝平面特征没有明确的裂口形貌（图 2-2-54），而是根据与同一岩心中其他相对清晰的剪切面相似或具有相似平面的共轭几何形态来解释为剪切面。

图 2-2-48 下部发育良好的肿缩构造以及明显位移的沉积构造，记录了沿泥质碳酸盐岩中的小规模、方解石矿化充填、低角度剪切裂缝发生反向倾滑剪切作用。上部三分之一处，近平行但不规则的剪切面横切岩心。4in直径直井岩心的切片，井孔向上方向朝照片顶部

图 2-2-49 生物扰动粉质页岩中低角度剪切面的两个视角照片。擦痕指示剪切裂缝平行于倾角，但不能通过裂口形貌确定剪切方向（正向或反向）。在低角度剪切面上，除非剪切作用发生在欠压实的沉积物中或是大尺度重力滑脱面的一部分，否则反向滑动在机械力学上是最合理的位移方向。岩心拼接块中的此种剪切面在岩心切片上少见，可能在岩心切片过程中被严重破坏。切片面出露的倾斜剪切裂缝产生了明显的倾角，该倾角几乎与不规则的层理平行；如果仅检查切片面，则很容易遗漏该剪切面的信息。岩心样品取自目前处于区域伸展状态的构造域，表明局部构造复杂或之前发生过水平挤压。4in直径直井岩心，井孔向上方向朝两张照片顶部。切片面上的凹槽来自机械"划痕"测试，该测试用于测量岩石的现今机械力学性质

图 2-2-50 石灰岩中低角度剪切面上的阶梯状抹滑晶体。缺失的岩块向左移动。取自褶皱和逆冲断层带前缘数千米的轻度褶皱区域。4in 直径直井岩心，井孔向上方向朝远离观察者方向

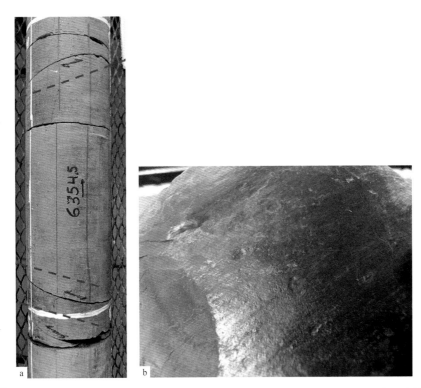

图 2-2-51 a. 硅质页岩中相对的共轭剪切面，平行于红色虚线，并用岩心表面绘制的蓝色双头箭头标记，层理水平，垂直于岩心轴线，岩心上的白线为深度标记，井孔向上方向朝照片顶部；b. 某条剪切裂缝的轻微擦痕面，井孔向上方向自照片平面向外、朝上。岩心样品取自构造简单的区域。4in 直径直井岩心（未切片）

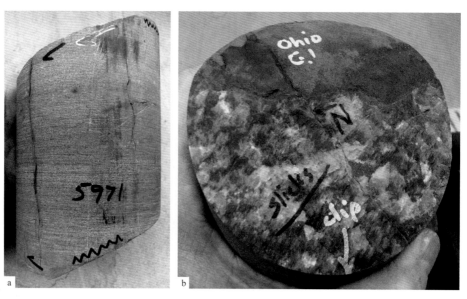

图 2-2-52 胶结良好的砂岩中两组低角度剪切面，具有倾斜擦痕和抹滑结晶。a. 在岩心上用半箭头标记的两个剪切面具有平行的走向和相反的倾角方位，岩心底部的"之"字形线条是一系列前积交错层理面之一，其中一个层理面发生剪切作用形成共轭对的上部剪切裂缝，井孔向上方向朝向照片顶部；b. 岩心中剪切面上的擦痕平行于岩心上标记的黑线（"擦痕"），并且与倾角方位斜交，井孔向上方向朝远离观察者、斜向下方向。岩心样品取自局部发育断层的紧密背斜褶皱。4in 直径直井岩心

图 2-2-53 泥质灰岩岩心中共轭剪切裂缝对的两个视角照片。其中一组共轭剪切面（B）沿倾斜层理中的黏土夹层发育，如 b 中的擦痕所示。另一组共轭剪切面（A）与层理斜交，且呈不规则状，由阶梯状抹滑晶体所示。两个剪切平面均未见明显的位移。岩心取自褶皱和逆冲断层带，在该环境中容易形成反向剪切共轭对。4in 直径直井岩心的切片（a）及相应的拼接块（b），a. 井孔向上方向朝照片顶部；b. 井孔向上方向朝远离观察者方向

图2-2-54 a.硅质页岩中的低角度斜面，井孔向上方向朝照片顶部；b.无明显特征的表面，井孔向上方向朝远离观察者方向。除了层理外，岩心中低角度裂缝的最合理成因是剪切作用，但是在此示例中，除了可能存在与倾角方位平行的微弱擦痕以外，没有任何证据可证明这一点。4in 直径直井岩心

七、顺层剪切裂缝

顺层剪切裂缝的几何形态受层理面方位的控制，而不受三种压应力的大小和方向控制，因此不能提供更多的地应力信息。弯曲滑移面形成的顺层剪切裂缝在褶皱、层状页岩中较为常见，在由致密岩层和软岩层交替组成的褶皱、薄层地层中也很常见。软岩层单元内部的剪切作用及其与致密岩层单元界面的剪切作用，在该类地层发生褶皱时所需的能量比其他形式的应变要少。当取心地层倾斜时，这些剪切裂缝与地层平行，且与垂直方向的夹角较低（图2-2-55、图2-2-56）。因此，重要的是将剪切面与局部层理和垂直层理联系起来，以便进行适当的力学解释。顺层剪切裂缝也可以在逆冲构造中形成低角度倾斜逆冲斜坡之间的连接构造（图2-2-57、图2-2-58），类似于逆冲断层带常见的大规模斜坡和平台几何形态。假若斜坡和平台之间的过渡带尚未取心，这种裂缝的起源则难以确定。在水平地层中，顺层剪切裂缝的起源有时是不清楚的（图2-2-59、图2-2-60）。若缝合线构造发生溶蚀且需要沿着将地层与相邻（上下）未挤压的地层分离开来的层理面滑动，小型顺层剪切裂缝也可以作为垂直层理缝合作用的补充。当张性裂缝的开启需要沿相邻地层界面发生顺层滑动时，则可能发生相反的情况。

很难在成像测井中识别出顺层剪切裂缝，除非伴有明显的角砾岩或矿化作用，否则它与层理相似。顺层剪切裂缝在岩心中也很容易被忽略，这是因为大多数岩心描述只关注岩

心切片面，而在这些表面上，很少见顺层剪切裂缝或缺少矿化作用，看起来像是一般的诱导顺层破裂。

　　顺层剪切裂缝为重建储层的构造发育提供了线索。它们还为高角度和中角度裂缝之间的流体流动提供了潜在的连通通道，从而形成了一个互相连通的裂缝网络。如果仅记录岩心中较明显的高角度裂缝，该裂缝网络将无法被识别。

图 2-2-55　顺层剪切面的两个视角照片。a. 页岩层段发育的三个顺层剪切面（平行于红色虚线），该页岩位于薄层褶皱灰岩中，岩心取自背斜的一翼，并孔向上方向朝照片顶部；b. 其中一条剪切裂缝的光泽面和擦痕面，记录的运动方向平行于预期的弯曲滑动剪切的倾角方位，剪切面还显示出次生倾斜擦痕证据，井孔向上方向朝观察者。4in 直径直井岩心

图 2-2-56　具倾斜层理的钙质页岩中倾斜、未矿化的顺层剪切面的两个视角照片。a. 岩心切片面上出露的、刚好位于双箭头下方的剪切面十分模糊，容易遗漏，井孔向上方向朝照片顶部；b. 裂缝面上的擦痕表明，顺层破裂面是剪切面，井孔向上方向朝观察者。3in 直径直井岩心的切片

图2-2-57 水平层理的泥质页岩中发育的具有微弱擦痕、轻微方解石矿化的剪切面的两个视角照片。a. 岩心上的双头箭头正下方的破裂是一个剪切面，井孔向上方向朝照片顶部；b. 擦痕以及空隙中沉积的方解石矿化充填记录了沿该平面的剪切力，但是如果未检查岩心的端部，则会遗漏该信息，井孔向上方向由照片平面向外、朝斜向上方向。岩心取自褶皱冲断带前缘轻微变形的地层。4in 直径直井岩心

图2-2-58 海相页岩膨润土层中顺层剪切面的两个视角照片。从岩心外表面看，剪切作用不明显。当对岩心进行切片时，大部分的膨润土层和所有剪切的证据都已消失。岩心取自构造简单的区域，擦痕仅能形成几厘米甚至几毫米的位移。4in 直径直井岩心，a.井孔向上方向朝照片顶部；b.井孔向上方向朝观察者、斜向上方向

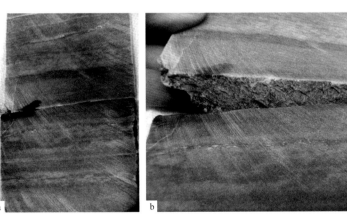

图2-2-59 背斜褶皱上轻微倾斜的层状硬石膏产生的微细顺层剪切裂缝。在某些区域，硬石膏单元普遍发生塑性变形，但在另一些区域则包含大量离散的顺层剪切裂缝，所有记录的与褶皱有关的顺层挠曲滑移在石灰岩—页岩岩心中表现得更为明显。阶梯状剪切面记录了最小的剪切位移（b）。4in 直径直井岩心的切片，井孔向上方向朝两张照片顶部

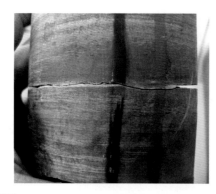

图2-2-60 古老、胶结良好的硅质粉砂岩中石英矿化充填的顺层裂缝的两个视角照片。岩石的低变质程度和再结晶已在很大程度上破坏了该裂缝面发生剪切作用的证据，但岩心中的其他类似裂缝显示出细微擦痕。4in直径直井岩心，井孔向上方向朝两张照片顶部

八、变形带

变形带是高孔隙度、弱胶结岩石中形成的剪切面，常见于风成砂岩（图2-2-61、图2-2-62；Aydin和Johnson，1978；Jamison和Stearns，1982），也可发育于其他环境中沉积的高孔隙度砂岩（图2-2-63）和白垩（Rath等，2011）。Nelson（2002）指出，孔隙度超过18%的砂岩最容易形成变形带。这些构造可以在岩石固结后重新剪切的地方发生矿化作用，也普遍不发生矿化作用，而是由塌缩孔隙和破碎颗粒组成，从而造成局部渗透率降低（图2-2-64）。

变形带是力学意义上的裂缝，因为它们在岩石中形成了剪切面。然而，变形带并不能增强渗透率。相反，它们在原本质量较好的储集岩中形成了流体流动屏障（Antonellini和Aydin，1994；Fossen等，2007）。Nelson（2002）在早期对风成砂岩的研究工作中认识到了这些构造，并称其为"充泥裂缝"，尽管"变形带"已成为更普遍接受的术语。变形带附近1cm的岩石通常比母岩更加致密。

变形带并不是机械弱作用面，表面很少出露。露头中变形带表面的有数出露显示出与前文描述的形状和不对称性相似的微小阶步，沿这些区域的持续剪切可以产生擦痕。

变形带可能由孤立的剪切面组成，也可能形成不规则的集群（图2-2-65）。有些变形带是平面的，长度实际上不受限制，而其他变形带是由多个雁列式结构组成，长度为厘米级到分米级。沿各变形带的剪切位移量通常在毫米到几厘米之间，但由数十个变形带合并组成的裂缝系统可具有更大的位移量。一些变形带系统形成Anderson共轭几何形态（Olsson等，2004），而其他变形带系统则形成混合的、不规则复杂结构。它们可以是断层粗糙面的尾部（图2-2-63），也可以是高度不规则的非系统性网络（图2-2-66）。

变形带与岩心矿化裂缝容易混淆，在成像测井中难以将其与其他类型的裂缝区分开。变形带的真实性质尤其难以评估，如石油运移至已饱和岩心，毛细管压力倾向于将石油集

中在剪切带中细小、粉碎的颗粒上，导致构造模糊不清（图2-2-66、图2-2-67）。薄片提供了变形带的确切证据，显示了特征的孔隙度降低和破碎颗粒。岩心变形带的识别非常重要，因为储层中变形带系统的作用与大多数其他裂缝类型的作用存在显著差异。

图2-2-61 a. 油浸风成砂岩中的变形带，位移显示（在左侧向下几毫米处，如顶部附近的层理位移）被钻头旋转所形成的围绕岩心表面的同心近水平条带，以及倾斜交错层理前积层（向右下倾）的不规则油浸所遮盖，对岩心的变形带集合进行的整体测量表明，这些变形带形成了一组走向平行、倾向相反的共轭对；b. 同一岩心中不同变形带顶部的放大照片，显示了偏离岩心一侧的变形带，它们看起来是矿化带，实际上是粉碎的砂粒。4in 直径直井岩心，井孔向上方向朝两张照片顶部

图2-2-62 高孔隙度风成砂岩中的倾斜变形带（箭头标记为"DB"）。变形带造成层理向右下方位移了大约1cm，而具有开启剩余空隙空间（"F"）的不规则、近垂直剪切裂缝只有数毫米的位移。裂缝和变形带的位移相交于箭头标记处，并标识为"offset"。4in 直径直井岩心，井孔向上方向朝照片顶部

图2-2-63 高孔隙度、弱分层海相砂岩中的变形带（箭头处的白色水平条带）。砂岩呈白色，如岩心顶部的新鲜断口所示。除沿低渗透率／低孔隙度变形带外，钻井液导致岩心表面被染成灰色。4in 直径直井岩心，井孔向上方向朝照片顶部

图 2-2-64 油浸砂岩岩心中的两个变形带，显示为发育破碎岩石的狭窄白色平面。油浸仅限于变形带之间未发生蚀变的岩石，剪切面附近孔隙度降低导致变形带两侧的油浸范围减小了几毫米。4in 直径直井岩心，井孔向上方向朝观察者

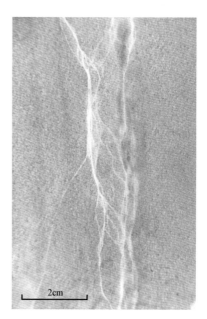

图 2-2-65 岩心切片面出露的由砂岩颗粒组成的不规则变形剪切面。剪切面和岩心切片面之间的交角使剪切面看起来更加不规则。这也增加了剪切带的视宽度。4in 直径直井岩心，井孔向上方向朝照片顶部

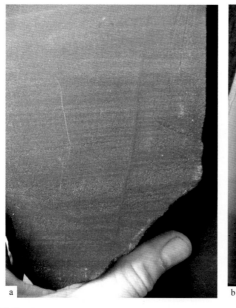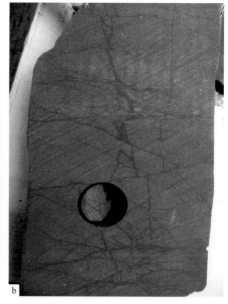

图 2-2-66 a. 许多变形带呈离散分布，易于计数和表征。其他的则是更复杂裂缝系统的一部分，在这些系统中，变形带汇合并分开，导致难以计算单条裂缝。由于沥青遮盖，无法观测裂缝面的三维形态，因此无法确定该照片中的裂缝面方位。沥青通过毛细作用力沿形成变形带的小颗粒集中，使其染黑并掩盖了构造性质。4in 直径直井岩心，井孔向上方向朝照片顶部

图 2-2-67 在实验室中可以用甲苯去除石油和沥青，从而露出基岩。岩心塞尺寸为 1in，取自图 2-2-66 所示的相同油浸岩心，经冲洗后出露白色砂岩和未矿化变形带

九、断层

岩心只提供了很小的断层样本。擦痕和抹滑晶体可指示沿断层的运动方向（图 2-2-68），但是很少能够获得岩心上断层的位移。事实上，除非断层高度矿化，否则在成像测井中只能用井眼冲刷来表示，在岩心中只能用碎石或缺失的层段来表示。难以避免的是，岩心层段缺失这一事实并不总是很明显，尤其是在岩心经过处理并切片之后。

通过取心可以完好地对小型断层取样（图 2-2-69、图 2-2-70），但是大型断层发育的软弱断层角砾岩和断层泥可能被钻头碾碎并丢失，也可能在岩心回收过程中脱落于取心筒底部，或只能回收碎石，除非它们在断裂后重新固结（图 2-2-71、图 2-2-72）。软弱断裂带岩层可能会卡在取心筒中，导致取心进尺缩短，无法获得断层活动的证据。一些岩心断层仅以大块的矿化物来表示，通常以自形结晶表示沿断层存在的开启空隙（图 2-2-73），或者以发育矿化面和擦痕面的围岩碎石来表示。完整岩心断层照片的优势只表明了完整断层比断层碎块更易于拍摄，并不能说明岩心中完整断层与破碎断层的比例。

取心过程中如需要采用震击方式移除岩心提取器中最后一英尺左右的岩心，或采用震击方式移除内岩心筒卡住的岩块，则很难区分断层角砾与取心过程形成的碎石。这种情况已经不那么常见了，因为现在普遍使用的是分离式岩心筒衬套，但是在岩心库中仍然保存许多采用震击方式从心筒中取出的归档岩心。岩心筒过满也会产生碎石（试图将 32ft 的岩心放进 30ft 的岩心筒里）。在岩心研究过程中，很少检查由断层引起或与断层有关的碎石袋，它们通常与岩心拼接块盒一起储存，而不是与切片一起储存。很少有服务公司清洗这种袋装碎石中的钻井液，而且许多袋装碎石已被丢弃。尽管如此，一袋袋的碎石往往能提供一些洞见，在记录岩心时，至少应该清理一些较大的碎块，检查是否有擦痕或其他断层迹象。如果存在相应的井孔成像测井资料，还应检查对应于岩心碎石带的测井层段，以确定可能的断层。

即使原状或接近原状回收岩心，断层也很容易被破坏，在处理和切片过程中会丢失重要信息。地质学家开展岩心观察的时间越早，岩心就会显示出更多关于岩心断层的信息。

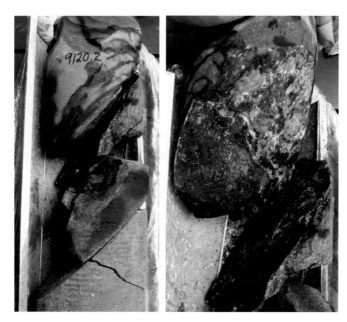

图 2-2-68 海相页岩岩心中 45° 倾角小断层的两个视角照片。断层剪切面发生方解石矿化充填，并显示抹滑晶体，指示正常的倾滑位移。限制断层带的剪切面彼此平行，但是在它们之间发育多条相交的剪切裂缝。岩心其余部分的层理呈水平状。4in 直径直井岩心，井孔向上方向朝两张照片顶部

图 2-2-70 岩心中断层的两个视角照片（岩心取自层状粉砂质页岩层序），在断层上盘见断层角砾岩和断层泥，断层一侧发育方解石，指示反复矿化和剪切的迹象。2.5in 直径直井岩心，井孔向上方向朝照片顶部

图 2-2-69 岩心中的断层（岩心取自层状海相粉砂岩—页岩层序），由一个离散的剪切带（下盘存在反复剪切和方解石矿化充填的证据）以及一个覆盖范围更大的剪切带组成。60° 倾角指示正常倾滑位移，但是剪切面的裂口形貌可以确认它没有出露。在断层上盘，变形程度通常比下盘更大。2.5in 直径直井岩心，井孔向上方向朝照片顶部

图 2-2-71 岩心中高角度断层的两个视角照片（岩心取自石灰岩—页岩层序）。a.近平行于不规则、高角度断裂面（箭头）的岩心切片；b.岩心切片切穿断层底部的角砾岩层。a 显示将岩心拼接在一起，观察到断层沿岩心延伸了数英尺。灰色结晶方解石层使断层面矿化并将断层角砾岩胶结在一起，但并未完全充填断层周边的溶蚀孔隙。断层接近垂直的倾角表明为走滑断层，与岩心中其他走滑运动指示一致。岩心切片破坏了断层的完整性和某些断层特征，但也揭示了断层的三维几何形状。4in 直径直井岩心，井孔向上方向朝两张照片顶部

图 2-2-72 白云岩岩心中发育的复杂未完全矿化的高角度走滑断层。断层沿直井岩心延伸了数英尺，仅在局部见方解石矿化裂缝面的角砾岩碎片。在部分区域，断层角砾岩再次胶结形成基质，发育方解石晶体衬里的厘米级尺度空隙。4in 直径直井岩心，井孔向上方向朝照片顶部

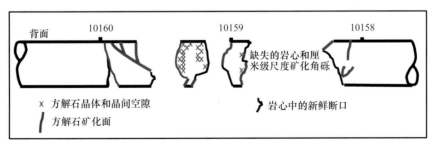

图 2-2-73 取样和切片后，将水平井砂岩岩心从岩心盒中取出并尽可能拼接在一起，对拼接块的断层进行了检查。岩心残留物上的深度标记指示了岩心缺失的数量和位置。下方的示意图表示剪切层段的宽度以及矿化程度。4in 直径水平井岩心；井孔向上方向朝照片右侧，地层向上方向朝照片顶部。岩心中的许多断层均由破碎和缺失岩石所表示，尤其是在岩心被切片并且结晶矿化的"纪念品"被送往领导人员办公桌之后

第三节　其他类型的天然裂缝

前文所述的张性裂缝和剪切裂缝是油气储层岩心中最为常见的天然裂缝，但是岩心中仍存在其他少见的天然裂缝类型。某些裂缝类型为张性或剪切裂缝作用的特殊实例（例如肠状褶皱裂缝、压实裂缝、岩脉），属于形成于特定沉积背景下的同沉积特征，与局部构造或大地构造作用无关。其中一种裂缝类型与超压和流体排出相关，但是并不属于常见裂缝类型，具有极为独特的识别特征。而许多裂缝被错误地识别为排烃裂缝，其依据仅是岩心中存在裂缝而无其他证据。

本章所介绍的某些裂缝，其本身可能并不是裂缝，而仅仅是沿裂缝发生的胶结和溶解作用的蚀变产物。溶解增强型裂缝可演变为界定不清的裂隙，沿裂隙系统的连续溶解作用可产生洞穴和岩溶地貌，洞穴又可能被岩溶相关的角砾所充填，继而造成界定角砾碎屑的裂缝呈无序性。此外，角砾也可胶结成砾岩，随后砾岩本身也可发生天然破裂。

本章所述的某些裂缝类型可归因于构造应力作用，其中包括亚毫米级尺度的微裂缝和缝合线。微裂缝因尺度过小而并未作为本图集（岩心尺度裂缝）的重点部分，但是该类裂缝已得到广泛研究并在某些储层的渗透体系中发挥着重要作用，因此将少量实例纳入本图集。缝合线是一种因压溶作用所形成的平面特征，与变形条带类似。就常规术语定义而言，缝合线并不属于裂缝，但是考虑到张性裂缝通常与缝合线伴生，因此本章也将其纳入论述范畴。

某些岩心取自完全破裂的岩石，该类岩石纹理结构破碎，少见有助于确定裂碎带成因的特征。部分岩心构造由多种逻辑上相关联的亚构造（包括裂缝）所组成，共同构成统一、易于解释、岩心尺度的地质力学系统。

一、微裂缝

微裂缝通常表示只有借助于显微镜才易于观察的裂缝，因此不属于本图集（介绍岩心尺度的裂缝）的范畴。然而，考虑到特定储层的渗透率和孔隙度受控于微裂缝，因此对其进行简要论述。

矿化微裂缝常见于许多取心地层的组分颗粒内部或者组分颗粒之间（图2-3-1；Anders等，2014；Zeng，2010；Zeng和Li，2009）。Zeng（2010）也介绍了未矿化的微裂缝，但是Anders等认为大多数天然微裂缝应属于已矿化裂缝。事实上，关于岩心尺度的未矿化微裂缝成因一直存在争议，焦点是它们属于天然裂缝拟或是岩心从原地围限应力条件取出之后应力松弛的产物自然情况下，构造成因、未矿化的微裂缝可能存在于某些储层中，但是应仔细、严谨地对其进行评价；目前，已专门研发非弹性应变恢复技术，以便于利用岩心中应力释放微裂缝的发育情况（形成于岩心从埋藏地层取出之后的前几个小时），测量原地应力方位和大小（Teufel，1983；Warpinski 等，1993）。

天然裂缝与诱导未矿化微裂缝的最佳区分方法即采用定向薄片，确定裂缝相对于原地应力体系的方位。诱导、松弛微裂缝的主走向垂直于现今最大水平原地压应力，而构造微裂缝的走向平行于现今最大水平原地压应力（只要自裂缝作用以来应力方位未改变）。如果可确定薄片相对于诱导花瓣状或纵向（中心线）裂缝（如第二部分所述）受控应力走向的方向，即使采用未定向岩心也可实现上述目标。某些学者认为几乎所有天然微裂缝均属于已矿化裂缝，部分学者则认为松弛微裂缝主要发育于颗粒之间，而构造微裂缝通常发育于颗粒内部（S. Brown，2005）。

部分小型裂缝达到一定尺度范围可被视为微裂缝，但是又因太小而无法单独记录或者无法作为储层模型的离散输入条件（图 2-3-2）。在观察记录时，绝非仅限于对单一裂缝进行记录，而应该通过记录裂缝之间是否相互平行，记录裂缝宽度、高度、长度、间距的最大、最小以及估计平均值，评估每英尺岩心的裂缝近似数量以及相对于岩性的裂缝分布规律，进而估算裂缝的组构。

图 2-3-1 致密石英砂岩中方解石矿化充填的微裂缝。裂缝切过部分颗粒，也存在沿颗粒边缘延伸的现象。蓝色环氧树脂胶突出显示狭窄、未矿化、成因不明的裂缝延伸情况

图 2-3-2 石灰岩岩心中短小（横向和垂向）、未矿化的张性裂缝，可见渗出至岩心表面的原油。该裂缝严格意义而言并不符合"微裂缝"的定义，原因在于无须借助于显微镜即可对其进行观察，但是尺度过小在成像测井上无显著特征。该岩心的大多数区域均存在类似的系统裂缝。4in 直径直井岩心；井孔向上方向朝照片顶部

二、肠状褶皱裂缝

早期形成、肠状褶皱的高角度张性裂缝常见于众多海相页岩和部分泥质灰岩的岩心。在某些层段，该类裂缝局限分布于富钙质或富硅质层（图 2-3-3 至图 2-3-5），其高度偏小，主要受控于薄层状地层的厚度。在部分地层中，该类裂缝优先发育于富泥质岩性，当地层层理不明显或者由具有相似组成和力学性质的连续层组成时，其高度可达数英尺（图 2-3-6）。裂缝强度变化较大，从分散小型裂缝到每英尺岩心含 6～10 个裂缝层的高强度裂缝系统均有发育。

肠状褶皱裂缝通常具有短、狭窄、致密矿化的特点，因此难以利用成像测井资料对其进行区分。然而，某些肠状褶皱裂缝系统已发生黄铁矿矿化作用，有助于增大测井识别的概率，即使此类小型单一裂缝同样极难区分。

该类裂缝最初为非天然皱褶构造，但是后期受埋藏期间母岩地层压实作用的影响，发生褶皱并降低高度以适应垂向缩短（图 2-3-7、图 2-3-8）。当一条裂缝延伸过多种岩性时，通常在压实作用更强的地层显示出更大程度的褶皱作用（图 2-3-9）。褶皱是最为常见的应变调节构造，但是局部区域也存在缩短调节构造，表现为矿化裂缝面垂向叠置，类似于毫米级尺度垂向逆冲带（图 2-3-8），也可能表现为楔形挤入，矿化层沿裂缝面挤入，类似于楔形物（图 2-3-10）。

层理面（肠状褶皱裂缝终止处）通常向上和向下弯曲，沿裂缝形成脊状特征，坚硬支撑部分可能由矿化物构成，继而降低了裂缝周围的压实作用（图 2-3-11）。此外，随着岩石的不断压实，还可见坚硬的矿化裂缝面短距离挤入上覆和下伏地层。随着压实期间沉积柱侧向剪切，部分裂缝发生横向涂抹。与地层中的晚期裂缝相比，该类裂缝通常充填不同类型的矿化物，通常含有指示早期成岩作用的黄铁矿。

肠状褶皱裂缝普遍已完全矿化，由于相对的裂缝壁沿褶皱相互贯穿，并通过矿化作用胶结为一体，因此裂缝面极少出露。在极少实例中裂缝面可见，此时裂缝面受小型皱褶的影响呈规则的锯齿状，类似于灯芯绒布的结构（图 2-3-12、图 2-3-13）。不同于张性裂缝的羽状构造或者剪切裂缝的擦痕记录着成因方式，肠状褶皱裂缝表面的小型亚平行脊状特征记录着裂后（裂缝作用之后）的压实作用。

该类构造有时被解释为泥裂或者收缩裂隙，但是却向顶、底尖灭，而非开启于沉积物—水或沉积物—空气界面。Bishop 等（2006）将该类构造归因于弱固结沉积物（裂缝作用时期埋深不大）的早期成岩作用和气体生成，认为其在形式上类似于前寒武系页岩中所述的白齿状构造。

未完全固结成岩的泥质地层通常不易成为裂缝发育的介质，但是室内条件具有韧性的物质，在高孔隙压力条件下，可能变得更具脆性，进而易于形成裂缝。在适当的条件下，甚至是橡胶都可形成裂缝。

肠状褶皱裂缝在某些储层中可能较为常见，继而显著提高储层渗流性，尤其是形成相互交切的裂缝组时。由于该类裂缝通常形成于本身仅具有纳达西渗透率的地层，即使沿已矿化但相互交切裂缝的渗透率仍相对较低。如果裂缝具有密间距和一定程度的交切度，其渗透率贡献也可能十分重要（图 2-3-14 至图 2-3-17）。

图 2-3-3 众多短小、肠状褶皱裂缝集中分布于海相页岩岩心的钙质层。部分裂缝可见且仍具有小尺度残余裂缝孔隙度，尽管已发生方解石矿化充填作用。4in 直径直井岩心的切片；井孔向上方向朝照片顶部

图 2-3-4 两个世代（宽和窄）的方解石矿化充填、高角度、肠状褶皱张性裂缝集中分布于海相页岩的富钙质层。在较大的裂缝附近，层理面向上和向下凸起，表明裂缝面的矿化作用构成了沉积体中的坚硬单元，抑制了压实作用。4in 直径直井岩心的切片；井孔向上方向朝照片顶部

图 2-3-5 硅质层（硅质含量存在变化）内部的两条石英充填的裂缝面，硅质层的边界为更暗、更薄的泥质页岩。裂缝面已发生垂向缩短，进而导致硅质含量低的岩性区（裂缝的上端和下端）发生肠状褶皱作用；硅质含量高的岩性区（硅质层中部）发生剪切位错和叠置

图2-3-6 某些肠状褶皱张性裂缝沿岩心垂向延伸数英尺。除了小尺度褶皱作用之外，与相关的张性裂缝（形成于岩化之后）相比，该类裂缝的平面线状特征通常较差。4in直径直井岩心的切片；井孔向上方向朝照片顶部

图2-3-7 泥灰岩岩心中的多条分散状、不规则、肠状褶皱裂缝。层理不发育，裂缝并未局限分布于特定层。4in直径直井岩心的切片；井孔向上方向朝照片顶部

图2-3-8 海相页岩中方解石矿化裂缝的两种褶皱样式。裂缝上部并未发生缩短，表明母岩在钙质含量更高的层段所遭受的压实作用十分微弱。裂缝中部已发生缩短，表现为矿化物（充填裂缝间隙）构成的坚硬支撑发生叠置。裂缝下部发生褶皱，归因于更为富黏土的母岩区遭受压实作用。4in直径直井岩心；井孔向上方向朝照片顶部

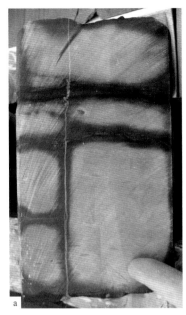
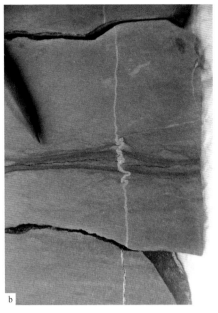

图2-3-9 早期形成的高角度张性裂缝的两种视角照片，该裂缝属于非层控裂缝，但是肠状褶皱作用程度发生变化，主要取决于母岩岩性的压实程度。在细粒、块状灰岩层，褶皱作用程度最小，几乎很难将该类早期裂缝与平面线状特征更明显的后期裂缝区分开。与此相反，相同裂缝的褶皱作用在泥质夹层却十分发育。4in直径直井岩心的拼接块（a）和切片（b）；井孔向上方向朝两张照片顶部

图2-3-10 泥质页岩中一条短小但横向延伸、黄铁矿矿化充填的肠状褶皱裂缝的三种视角照片。a.岩心切片面上过裂缝的垂直剖面；b.裂缝的二维视角，包括水平面（已沿a.箭头所指的层理面将岩心劈开）；c.层理面的顶面，表明在水平面上，该类裂缝通常横向延伸且具有线性样式和多线样式（压实作用期间，矿化裂缝面分段叠置）

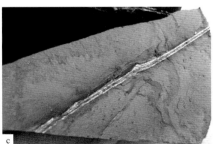

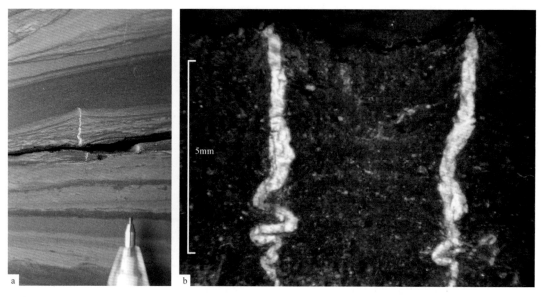

图 2-3-11　a. 一条小型、孤立的肠状褶皱裂缝发育于海相页岩岩心的钙质层，裂缝周围沉积物的压实作用遭受抑制，造成层理局部凸起，岩心破裂出露处的观察结果表明，该类凸起层理形成了过层理面的线性脊；b. 海相页岩中两条平行、方解石充填的裂缝，沿层理面撑起脊状特征。4in 直径直井岩心的切片；井孔向上方向朝两张照片顶部

图 2-3-12　两条肠状褶皱裂缝的灯芯绒状表面特征，两块岩心取自两套不同的钙质页岩地层。弱岩固结沉积物中保留了小型、亚平行脊状特征，归因于压实作用期间的小型、线状、水平肠状褶皱。受方解石矿化作用的影响，b 中的裂缝表面略显模糊。3in 直径直井岩心；井孔向上方向朝两张照片顶部

图 2-3-13　某些肠状褶皱裂缝的裂缝面并不规则，原因在于裂缝发生紧密褶皱作用，留下大量脊状特征。破裂面由部分裂缝面和部分破裂母岩所组成。4in 直径直井岩心；井孔向上方向朝照片顶部

图 2-3-14 钙质海相页岩中一条早期形成的肠状褶皱垂直张性裂缝（红色箭头）和一条晚期形成、平面线状特征更明显的高角度张性裂缝（蓝色箭头）。过岩心的锯痕表明两条裂缝以 25° 相交，平面线状裂缝在与更老的肠状褶皱裂缝相交处发生走向变化（略微偏转）。3in 直径直井岩心；井孔向上方向朝照片顶部

图 2-3-15 块状细粒灰岩中两条肠状褶皱裂缝的端部朝相向方向呈钩状形态，表明裂缝分别向上和向下生长，但是当相互接近时，两条裂缝的传播和终止均受到影响。4in 直径直井岩心的切片；井孔向上方向朝照片顶部

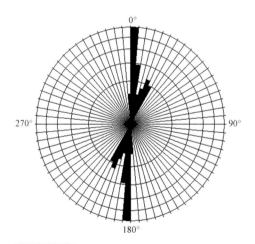

图 2-3-16 两组早期高角度肠状张性裂缝的走向（相对于取心诱导花瓣状裂缝所提供的参考方位）。岩心取自钙质海相岩（$n=237$），数据来源于 CT 扫描和人工岩心观察与测量（0° 并非代表正北方向，而是表示诱导参考裂缝的走向）

图 2-3-17 某些肠状褶皱裂缝走向规律性较差，如层理面上的裂缝印记。岩心为定向取心（"PSL"表示主切割线位置，一条切割岩心表面的方位槽线）；"？"表示方位测量的可靠性存疑。25°、40°、90°、140° 裂缝走向基于方位信息计算得出，岩心一侧出露的花瓣状构造（标注为"Petal"）具有 NW-SE 走向。"圆圈—点"指示观察方向为朝井孔向下方向。4in 直径直井岩心；井孔向上方向朝观察者

三、裂隙

裂隙在本图集中表示具有可变特征的似裂缝构造。裂隙属于不规则但近平面状构造，具有粗糙、非均一宽度（指示溶解作用）。通常充填分选差的外源物质（图2-3-18），可能并入上覆表面的开口槽（出露，遭受风化和溶解）。当某些裂隙充填来自母岩的原地派生物质，此时物质组成更为均一（图2-3-19）。

通常难以将充填型裂隙与沉积期由未固结相邻源层挤入岩石的外源物质或者断层角砾岩区分开。裂隙一般沿溶解增强型裂缝发育，形成于岩溶作用早期阶段。裂隙可沿原始裂缝系统形成网络，发生溶解作用之后，原始裂缝的残余证据可能仅剩大尺度裂隙网络，但是岩心尺度的小型样品难以记录该类大尺度特征。

当储层的裂隙系统较为发育时，可能显著提高储层质量，这主要取决于充填物质的性质和渗透性，以及裂隙的间距和垂向延伸距离。裂隙在成像测井资料上应有所响应，由于其具有不规则几何形态，通常难以界定并解释。

图2-3-18 孔洞型灰岩中形成的裂隙的三种视角照片，裂隙内充填外源钙质碎屑。该裂隙构造具有不规则宽度，表明其形成于溶解作用或者至少因溶解作用而增强。该裂隙被一条缝合线所削截，因此其形成时间早于缝合线。4in直径直井岩心的切片；a和c.井孔向上方向朝照片顶部；b.井孔向上方向朝观察者

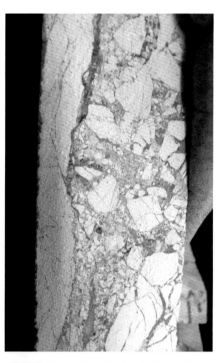

图2-3-19 白垩质灰岩中的一条裂隙，被分选差、本地派生角砾状的角块所充填。黄橙色物质为沉淀至空隙空间的方解石。无剪切作用的证据，表明其并不是断层角砾岩。4in直径直井岩心的四分之一切片；井孔向上方向朝照片顶部

四、岩脉

岩脉在本图集中表示成因不明的各种裂缝状构造。细粒碳酸盐岩（尤其是白云岩）中的某些岩脉可能为成岩成因。岩脉通常已完全被无定形、非结晶矿化物所充填，其物质组成一般类似于母岩（图 2-3-20），表明其形成于岩石沉积、埋藏、成岩历史的早期。许多岩脉具有湾状壁，是将其解释为溶解作用成因的支撑证据。

某些岩脉具有短小、层控特征（图 2-3-21），而部分岩脉具有高度大、切过多层的特点。岩脉也可能短小、宽度大，在上部和下部终止处突然变窄，表明其形成于相对韧性或未完全岩化的地层。部分岩脉终止于层理面，指示同沉积期（但岩脉形成之后）沿层理面的溶解面（图 2-3-22）。

岩脉对储层的影响十分微弱，岩脉通常被与母岩具有相同矿物学特征的物质所掩盖，可能在成像测井资料中缺乏地球物理响应特征。

图 2-3-20 石灰岩中的较大的方解石充填型岩脉。a. 岩脉在顶、底方向变窄并尖灭；b. 岩脉向下尖灭，但是向上突然终止于层理面。4in 直径直井岩心的切片；井孔向上方向朝两张照片顶部

图 2-3-21 细粒白云岩中的小型、平行、高角度、白云石充填型岩脉的两种视角照片。4in 直径直井岩心的拼接块；a. 井孔向上方向朝照片顶部；b. 井孔向上方向朝观察者

图 2-3-22 石灰岩中的方解石充填型宽岩脉，终止于两个箭头之间的不规则面。在岩脉左侧，该层理面在岩心中高数厘米，表明该不规则面为溶解面。岩脉被相同的溶解面所削截，表明其形成于溶解作用之前。4in 直径直井岩心；井孔向上方向朝照片顶部

五、排出构造

排出构造在岩石记录中并不少见，涉及从岩浆侵入体到沉积挤入岩（例如密西西比三角洲的泥丘）的众多范围。该类排出/挤入构造需具备高压外源和低压终点条件。在下列条件下可产生足以触发排出作用的压力差：沉积物埋藏并完全泄水之前（欠压实）；埋深加大导致温度、压力升高，造成有机质成熟，继而在地层的某些区域形成过量流体体积和高孔隙压力（但是地层其他区域仍保持正常流体体积和孔隙压力；Osborne 和 Swarbrick，1997）。排出作用通常具有周期性，排出和挤入作用形成的压力差通常会间歇性达到平衡，随后重新建立压力差。当压力差超过阈值压力时，触发新一轮的排出/挤入作用。

将裂缝成因推测为排出作用时应十分谨慎。排出作用在概念上可能极具吸引力，但是事实上有时候具备发育条件却未必真实发生。实际上，仅有少数裂缝类型具备与此种机制相匹配的特征。

如果某一地层中存在应力差，排出和挤入作用应形成平行构造（不规则的垂向或水平席状体；图2-3-23 至图2-3-25）。高压流体排出时通常携带局部沉积物和岩石碎片，因此排出构造的一个常见特征即存在外源物质，由此产生的挤入构造内部可能存在残留的外源流体（图2-3-23）。排出作用通常导致受体地层中的层理扰动变形，由于其具有典型的间歇性特征，排出裂缝时常呈束状产出（图2-3-23 至图2-3-26）。

充填型排出裂缝可能类似于裂隙或断层泥，但是缺少溶解或剪切作用的证据，继而有助于在岩心中将其区分开。排出构造通常已被充填，因此对于大多数储层的影响十分微小；因为具有不规则性，所以也难以在成像测井资料中对其进行识别。

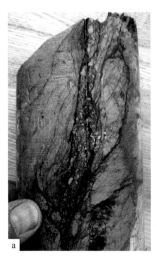

图2-3-23 白云岩中的多线状排出裂缝系统的两种视角照片。a.岩心显示因重复挤入（挤入的扰动物质来源于排出作用）所形成的多线状裂缝，井孔向上方向朝照片顶部；b.相同岩心块的顶面，说明此类构造具有不规则平面特征，并孔向上方向朝观察者。4in 直径直井岩心

图 2-3-24 泥质、粉砂质河流相沉积岩中的不规则平面线状泄水构造，归因于泥质水体由超压、欠固结的下伏泥岩排出。随着埋深增加，欠压实泥岩中的流体压力增大，当压力达到阈值时，在粉砂岩盖层内形成排出路径；随着泥岩内流体压力降低，该排出过程暂时终止。该路径随后被方解石所充填。随着埋深和压实作用持续，上述循环过程不断重复。该构造的平面特征（垂直于照片面）表明在排出构造形成时期，地层处于半岩化阶段并且存在应力各向异性。4in 直径直井岩心；井孔向上方向朝照片顶部

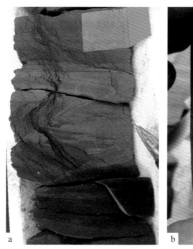

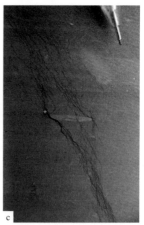

图 2-3-25 海相页岩中不规则、多线状、方解石矿化充填、与重复泄水相关的构造。在平面视角，该构造大致呈平面线状，表明在排出构造形成时期，弱成岩地层中存在应力各向异性。上部岩心块已转向，以露出水平面上的裂缝。4in 直径直井岩心；井孔向上方向朝照片顶部

图 2-3-26 硅藻岩中的排出裂缝。a.多线状特征记录多期排出事件，倾角不规则表明弱岩化和挤入作用之后的软沉积物变形；b.某线裂缝的表面，显示挤入物质（烃类和黏土）内衬于裂缝；c.排出路径在弱岩化沉积物中的同沉积结核周围发生转向。4in 直径直井岩心；井孔向上方向朝三张照片顶部

六、同沉积裂缝

多种类裂缝构造可划入同沉积裂缝类别。其中，大多数属于与前成岩或同成岩期压实作用相关的剪切成因，但是小尺度挤入和张性裂缝（包括泥裂）也可归为该类。针对该类构造，应尽可能对其全三维特征（包括裂缝面的裂口形貌特征）进行评估，随后再作出解释；岩心切片面或照片所显示的有限二维出露面通常无法提供足够的信息。

取自泥质地层（沉积于海相和非海相环境）的岩心中常见压实剪切构造，但是在粗糙的岩心外表面通常难以显现或存在性可能并不明显，除非岩心在加工处理过程中沿该类擦痕面所造就的薄弱面发生破裂。岩心每经过一步加工处理，其裂缝计数似乎均会翻倍。泥质地层中的压实剪切构造通常具有光滑或局部鳞片状表面、中等倾角。擦痕一般指示剪切作用平行于倾角方位（图 2-3-27），紧邻剪切构造的层理可能发生软沉积变形（图 2-3-28）。该类裂缝表面并非完美的平面，表明剪切作用发生于完全固结成岩之前，此时沉积物仍具有足够的韧性，以表面复合曲线的形式（不产生空隙）调节剪切应变（图 2-3-29）。小型颤痕可能转化为擦痕，指示在剪切作用期间岩石处于半固结阶段。裂缝面相交或者裂缝面投影至岩心之外相交的现象十分常见（图 2-3-30、图 2-3-31）。

基于非海相地层定向岩心的压实剪切作用研究结果（Finley 和 Lorenz，1988）显示同沉积裂缝具有随机走向（图 2-3-32），表明其为早期成因（形成时间早于岩石的水平应力各向异性拓展）。不规则同沉积剪切通常也与差异压实作用（发生于早期形成的结核周围和快速沉积负载之下）相关（图 2-3-33、图 2-3-34）。理想的安德森法向位移剪切倾角应为 60°，但是半岩化—未岩化沉积物在压实期间其倾角将减小，压实剪切构造可能具有极低倾角（图 2-3-33、图 2-3-34）。

大多数压实裂缝属于未矿化裂缝，但是某些剪切面见薄层方解石，表明在演化历史的某个阶段可能具有渗透性。然而，基于砂岩储层（发育 10ft 厚的泥质隔层，含大量压实剪切构造）测得了不同的初始压力；依据该测量结果以及生产期间储层之间缺乏压力连通的观察结果，认为压实剪切构造并不属于重要的渗流通道，即使规模较大也是如此。

基于成像测井资料难以观察到该类未矿化的封闭裂缝，但是考虑到其对储层的影响甚微，能否识别也没有实际意义。尽管如此，识别该类构造并将其与大尺度剪切裂缝（显著影响储层渗流系统）区分开仍十分重要。

同沉积角砾岩也可形成于沉积间断期的侵蚀/暴露面（图 2-3-35），通常发育于非海相地层。该类同沉积角砾岩与断层角砾岩之间的区别在于与上覆地层呈沉积接触，而非剪切接触，有时还存在碎屑大小的垂向渐变分级。

同沉积干缩裂痕也常见于某些岩心，表现为短、宽、向下楔形变窄、无规则走向等特征（图2-3-36）。半固结成岩地层中所形成裂缝通常具有两个特征：渐变变窄（而非突变变窄）、平面特征不明显（图2-3-37；参阅第三章第五节）。其他的同沉积裂缝系统还包括薄层脆性单元内的高角度张性裂缝以及偏韧性邻近层内的并存倾斜剪切裂缝（图2-3-38）。

图 2-3-27 泥质地层中具有中等倾角的压实剪切裂缝，具有不规则、粗糙平面状、擦痕面。a. 海相页岩，4in 直径直井岩心；b. 非海相页岩，3in 直径直井岩心。在剪切作用时期，只有地层处于弱固结和相对韧性时，该类剪切构造的不规则弯曲平面才能调节剪切应变。井孔向上方向朝两张照片顶部

图 2-3-28 海相砂岩水平井岩心中隐约擦痕、未矿化、中等角度裂缝的不规则平面以及相伴生的软沉积物变形，表明该剪切构造形成于固结成岩作用之前。4in 直径水平井岩心的切片；井孔向上方向朝右。a. 地层向上方向朝照片顶部；b. 地层向上方向由照片面斜向内朝上方

图 2-3-29 海相泥岩的层理面显示方解石矿化充填、中等角度剪切面的位错大小。剪切接触面的小尺度层理变形以及剪切面略微向上凸起弯曲表明其形成于半固结沉积物。3in 直径直井岩心的切片；井孔向上方向朝照片顶部

图 2-3-30 a. 泥质海相页岩的岩心中发育三条压实剪切裂缝（相交、具有擦痕面）；b. 中下部两个剪切面的放大照片。4in 直径直井岩心；井孔向上方向朝两张照片顶部

图 2-3-31 锥形压实构造的两种视角照片，该锥形压实构造由三个剪切面（走向相交、多方向剪切）组成。固结岩石的同期剪切将导致体积问题无法解决，因此多方向剪切应局限于软沉积物内，可能具有序列性。a. 自上而下的视角，井孔向上方向朝观察者；b. 侧面视角，井孔向上方向朝照片顶部。3in 直径直井岩心

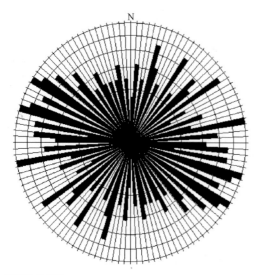

图 2-3-32 非海相泥岩中压实剪切构造的不规则走向（科罗拉多州 Mesaverde 组），表明其形成于各向同性水平应力条件，不受构造作用控制（据 Finley 和 Lorenz，1988）。方位组距为 3°，$n=128$

图 2-3-33 海相页岩中黄铁矿结核周围因压实作用所形成的擦痕、弯曲状、光滑剪切面。4in 直径直井岩心；井孔向上方向朝观察者

图 2-3-34 海相页岩中碳酸盐岩碎屑流快速沉积之下因压实作用所形成的倾斜、具有擦痕的剪切面（b 中的红色箭头处）以及下伏半岩化泥岩中相伴生的张性裂缝（橙色箭头处）。4in 直径直井岩心；井孔向上方向朝两张照片顶部

图 2-3-35 a. 在铝箔纸拼合的岩心切片上看似为白云质断层角砾岩，实质为油浸的沉积角砾岩，其证据在于角砾岩与上覆油浸风成砂岩之间表现为沉积接触（b. 岩心拼接块）。4in 直径直井岩心；井孔向上方向朝两张照片顶部。形成环境十分重要但是通常难以获得此类背景信息

图 2-3-36 向下楔状变窄、短、宽、方解石充填型裂缝的两种视角照片，该裂缝为海相泥岩中的干缩裂隙（泥裂）层理面（b）显示了泥裂的三维样式。裂缝体系具有相似的层理面，证明其属于该地层层段的典型样式，而非异常样式。4in 直径直井岩心。a. 井孔向上方向朝照片顶部；b. 井孔向上方向由照片面斜向外朝观察者方向

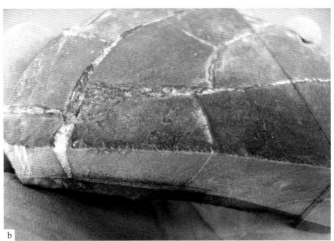

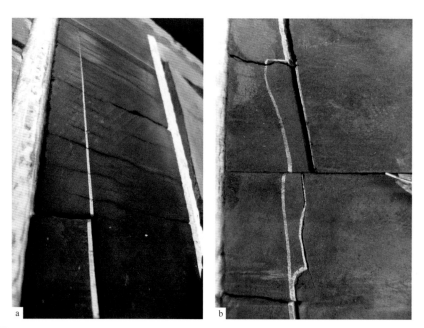

图 2-3-37 逐渐变窄终止（a）和具有意外分支的不规则平面（b）表明该类张性裂缝形成于地层完全固结之前。上述两个特征有助于将该类裂缝组与相同岩心中平面线状特征更明显的晚期张性裂缝（形成于固结成岩之后，具有均一宽度和平面状特征）区分开。3in 直径直井岩心的切片；井孔向上方向朝两张照片顶部

图 2-3-38 海相硅藻岩中同沉积张性/剪切裂缝系统的两种视角照片。a. 在能干性更强的单元，裂缝系统由高角度张性裂缝组成，在能干性偏弱的单元，裂缝系统由中等角度剪切裂缝组成，井孔向上方向朝照片顶部；b. 剪切裂缝切过的层面上存在低幅度位错，形成亚毫米级尺度剪切面，该类裂缝与岩心中的后期构造成因裂缝［包括高角度、方解石矿化充填的张性裂缝（标注为"Ca"）和高角度走滑剪切裂缝（标注为"strike-slip"）］并不相关，也无任何证据与现今最大水平压应力相关。据诱导花瓣状裂缝走向（标注为"P"）推测，现今最大水平压应力近似垂直于剪切裂缝的走向，井孔向上方向朝远离观察者方向。4in 直径直井岩心

七、复合 / 复活裂缝

裂缝通常表现出多期叠加事件的特征，其中既包括地球化学事件（例如矿化作用、溶解作用），也包括力学应变事件。裂缝重新活动的最常见类型可能为破裂—愈合现象，表现为张性裂缝重复开启和矿化（Laubach 等，2004），但是剪切裂缝也可连续发生剪切和矿化充填（图 2-3-39、图 2-3-40）。

张性裂缝可能复活为剪切裂缝（图 2-3-41、图 2-3-42），剪切裂缝也可能复活为张性裂缝。张性裂缝可能演化为缝合线，缝合线也可开启为张性裂缝（图 2-3-43）。考虑到地质学中可能出现的构造变化范围，任何数量的裂缝类型旋回和组合均有可能。

连续的化学事件或构造变形可破坏前期事件的裂缝标志，重新活动的裂缝作用可能更为常见（相当于已有记录而言）；相对于本图集所提供的少量实例而言，实际上这种现象应更为常见。考虑到基于岩心难以识别裂缝重新活动，也就不奇怪为何缺少基于成像测井资料的复活裂缝实例。

然而，复活裂缝的识别与合理解释有助于为储层构造演化历史分析提供依据，也有利于更好地认识单一裂缝渗透率以及裂缝渗透网络的有效性。

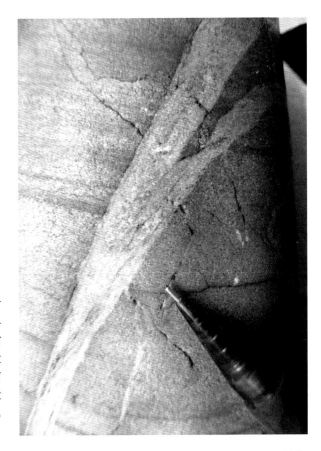

图 2-3-39 方解石胶结砂岩中重复剪切和方解石矿化充填的剪切面，岩心取自不对称背斜（披覆于以基底为核部的逆冲断层之上）的前翼。后期剪切作用通常沿岩石中的原始破裂发生，但是在某一点转向至略微不同的平面。剪切矿化作用的证据为沿裂缝方向在不同位置具有不同的裂缝宽度和不同数量的方解石层。4in 直径直井岩心；井孔向上方向朝照片顶部

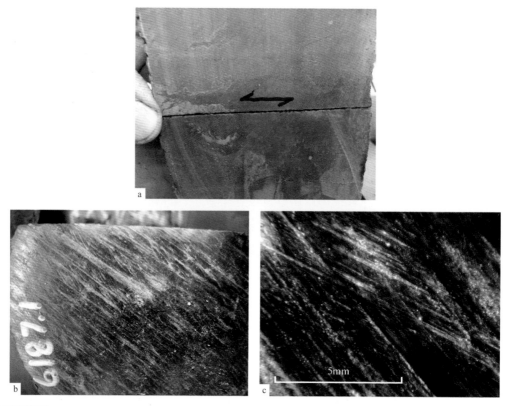

图 2-3-40 泥质碳酸盐岩中微弱、平行层理的剪切面（三种视角照片）。a. 岩心切片面上剪切面的隐约特征，井孔向上方向朝照片顶部；b. 光滑剪切裂缝面上叠置的斜向擦痕，代表至少两期剪切事件（存在不同方向的位错），井孔向上方向朝观察者；c. 叠置擦痕方位的放大照片，井孔向上方向朝观察者。3in 直径直井岩心

图 2-3-41 两条方解石矿化充填的高角度张性裂缝（X 和 Y）的三种视角照片，张性裂缝已发生重新活动并被一条不规则、中等角度的走滑剪切裂缝所连接。斜向剪切面上可见斜向擦痕（平行于 c 中的双箭头）。4in 直径直井岩心的拼接块；a、b. 井孔向上方向朝照片顶部；c. 井孔向上方向朝远离观察者方向

图2-3-42 方解石矿化充填的高角度张性裂缝（a中的黑条层段）的两种视角照片，该裂缝已发生重新活动并被剪切面（a中的红条层段）所连接。隐约、斜向擦痕（平行于b中的蓝色双箭头）是剪切作用层段的主要裂口形貌特征，已叠加至张性裂缝面的不规则羽状构造。擦痕和斑块状白色黏土矿化物掩盖了羽状构造。两条张性裂缝相互平行，但是横向位错2cm。b为a下半部分的放大照片，比例尺的单位为英寸。4in直径直井岩心的拼接块；井孔向上方向朝两张照片顶部

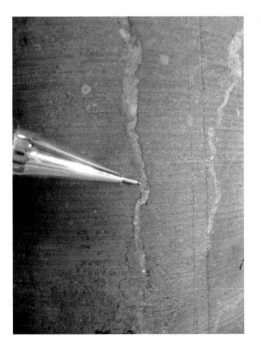

图2-3-43 一条高角度缝合线（两个箭头之间），部分缝合线重新活动为张性裂缝并被方解石所充填，岩心取自细粒灰岩。该构造叠加现象表明缝合线形成于最大水平压应力条件，随后最大水平压应力减小，转变为最小水平应力，继而形成沿缝合线和平行于缝合线的张性裂缝。4in直径直井岩心；井孔向上方向朝照片顶部

八、破碎岩石

某些岩心遭受强烈破裂作用，尽管地层已发生显著褶皱和断裂作用，但是裂缝之间的岩石碎屑仍保持相互间的原始位置。由于在变形期间岩石碎屑并未旋转或者退变为颗粒流，因此层理和沉积构造仍可识别。

某些情况下，该种破碎归因于单一裂缝的连续破裂和胶结过程，以至于岩石并非由分散颗粒组成（图 2-3-44、图 2-3-45）。此外，岩石碎屑受限于原地应力，因此也不会发生相互间的碎屑位移和旋转（图 2-3-46）。

图 2-3-44 石灰岩岩心，显示大量狭窄裂缝，裂缝可能连续形成并快速矿化充填，继而愈合为整块岩石。该岩心为定向岩心，已知真实的正南方向。观察面为岩心底面（朝井孔向上方向观察），因此看似为 WSW-ENE 走向的裂缝实际上为 ESE-WNW 裂缝（"120°"）。4in 直径直井岩心；井孔向上方向朝远离观察者方向

图 2-3-45 细粒页岩质灰岩中的多条狭窄张性裂缝，但是层理仍可识别，以裂缝为界的岩块未发生相对位移。各条裂缝形成之后，矿化作用快速愈合岩石。4in 直径直井岩心的切片；井孔向上方向朝照片顶部

图 2-3-46 孔洞型石灰岩岩心中的大量未矿化的平行裂缝（岩心取自强烈褶皱和破裂的储层）。裂缝作用将岩石切割为大量碎块，但是受原地压应力的影响，碎块合为一体，岩石未发生崩散。4in 直径岩心的切片面；井孔向上方向朝照片顶部

九、岩溶角砾岩

岩溶地貌可存在多种类型的角砾岩。Loucks（1999）基于对西得克萨斯 Ellenberger 组岩溶 / 洞穴系统的研究，将其划分为裂纹、镶嵌、混杂角砾岩，前两种角砾岩类型形成于洞顶和洞壁，无支撑的岩石受万有引力的影响开始形成裂缝并破裂，但是岩石碎块仍保持相对位置不变（图 2-3-47）。当岩石碎块掉落至洞底时，则形成混杂角砾岩，此时碎块发生位移，无法重新组合（图 2-3-48），也可能发生再沉积和磨圆。角砾岩可通过胶结作用固结成岩，继而再次发生新的裂缝作用。

与岩溶相关的溶解作用可导致角砾岩与黏土残余物混合，其中包括缝合作用留下的残余物。缝合线可能具有齿状擦痕（溶解作用期间，岩石自身移动所留下的印记；图 2-3-49），不应将其错误解释为裂缝擦痕。

考虑到一维、4in 直径岩心所提供的有限证据，通常难以区分各种类型的角砾岩，包括沉积角砾岩、裂隙充填角砾岩、断层相关角砾岩及岩溶角砾岩。岩溶角砾岩的识别部分取决于溶解作用的证据以及其典型特征（原地、以裂缝为界的裂纹角砾岩岩石碎块），同时也取决于背景条件，即地层是否易于发生溶解作用，是否已知或者可能含洞穴和岩溶。

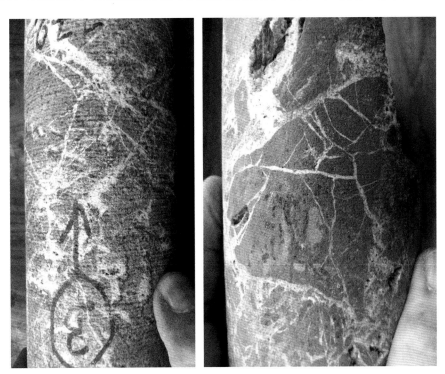

图 2-3-47 岩溶灰岩中洞顶和洞壁的镶嵌角砾岩。该类角砾岩可通过胶结作用形成岩石，当遭受应变时可再次发生新的裂缝作用。2in 直径直井岩心；井孔向上方向朝两张照片顶部（尽管岩心表面的数字 3 反向）

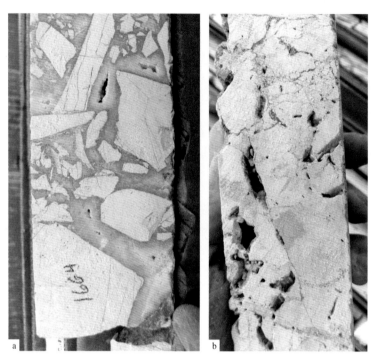

图 2-3-48 白垩岩中形成的洞穴底部、混杂岩溶角砾岩。a. 含明显的角砾岩化作用后的胶结物，4in 直径岩心的四分之一切片；b. 不含角砾岩化作用后的胶结物，3in 直径岩心的切片。部分角砾岩类似于裂隙充填物（事实上可能与裂隙充填物相关，裂隙充填物也常见于岩溶地貌）。井孔向上方向朝两张照片顶部

图 2-3-49 岩溶灰岩中缝合线和溶蚀缝处的不溶黑色黏土和有机质残余物。溶解作用与剪切位错和擦痕（沿垂直缝合线的齿痕）相关，原因在于岩石溶解并崩塌进入其自身。2in 直径直井岩心；井孔向上方向朝两张照片顶部

十、小型（口袋型）地质力学系统

某些构造系统由多个相互关联的要素组成，假如要素尺度小，则能够被岩心所捕捉。该系统有助于重建储层的构造演化历史，某些过程甚至与储层渗透率显著相关。当然，破译其中所蕴含的综合地质力学难题本身也十分有意义。

一个小尺度、多要素地质力学系统包括极短、层控张性裂缝受平行层面的剪切作用影响，发生重新活动并变宽，形成毫米级尺度的梯形拉裂（薄层状褶皱变形的粉砂岩—页岩）。这种地质力学系统取自背斜侧翼（图 2-3-50 至图 2-3-52）。

受该地质力学系统影响而开启的梯形空隙被方解石内衬，此外，方解石矿化作用也部分沿平行层面的剪切面分布。方解石内衬的空隙后期被沥青所充填，指示其相互连通。受背斜褶皱作用的影响，取心层段略微倾斜，剪切层理面的擦痕所记录的运动方向与褶皱作用期间的弯曲滑动保持一致，即顶部块体向上倾方向移动。

类似的梯形空隙（侧面由两条高角度剪切裂缝所构成，顶、底由沿层理的张性裂理所构成）见前文所述。梯形空隙也可形成于水平面，一个方向以垂直层理的剪切面为侧向边界，另一个方向以变宽、垂直层面的张性裂缝面为侧向边界。

另一个小型地质力学系统几乎与前述实例相反（图 2-3-53 至图 2-3-55），包括：

（1）一条垂直层面的缝合线（终止于层理面）；

（2）沿层理面的剪切作用，但是仅发生于缝合线的一侧；

（3）一条诱导花瓣状裂缝，其走向垂直于缝合线。

花瓣状裂缝记录了现今最大水平原地压应力，其方位与造就垂向缝合线的应力方位相同，表明自缝合线形成以来，应力体系未发生明显变化。在本实例中，剪切层理面见擦痕，其走向垂直于垂向缝合线的走向，平行于花瓣状裂缝的走向。缝合线一侧的层理面发生剪切作用，但是另一侧未发生剪切作用。剪切作用调节了沿缝合线面的体积损失。

本图集所展示的最后一个地质力学系统类似于前一个实例，但是略显复杂（图 2-3-56 至图 2-3-58）。该地质力学系统最初由短小、层控、可能已矿化的高角度张性裂缝（薄层状海相页岩）组成。然而，因原地最大和最小水平压应力互换，产生压溶作用，继而移除了矿化物和大多数原始羽状构造，并沿原始张性裂缝面形成缝合线。某些缝合线表面可见残余的原始羽状构造。

在缝合作用期间，会形成小型、平行层面的剪切面（其擦痕方向垂直于缝合裂缝），以调节平行裂缝的体积损失。诱导花瓣状裂缝证实现今最大水平压应力垂直于缝合张性裂缝。

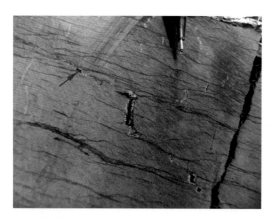

图 2-3-50 薄层纹层状粉砂岩—页岩层序内部呈分散状分布的多个小型、白色、垂直、方解石矿化的张性裂缝。平行层面的剪切面未出露，但是沿紧邻梯形空隙的层理发生平行层面的方解石矿化充填以及因张性裂缝变宽而形成梯形空隙，据此推测发生了剪切作用。箭头指示图 2-3-51 放大显示的梯形空隙。4in 直径直井岩心的切片；井孔向上方向朝照片顶部

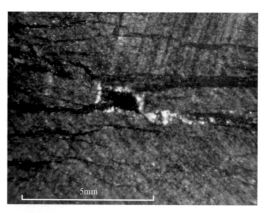

图 2-3-51 一个梯形空隙的放大照片。地层褶皱变形期间，沿层理面发生弯曲剪切滑移，继而导致张性裂缝变宽，最终形成梯形空隙。梯形空隙的视宽度比真实宽度要宽约 50%，其原因在于岩心切片面斜向切过空隙。弯曲滑移期间，高角度张性裂缝的相对面分离，构成空隙的侧壁，空隙呈伸长状，在三维空间形成一个不规则、四方的管状体。空隙的顶、底由平行层面的剪切面所构成

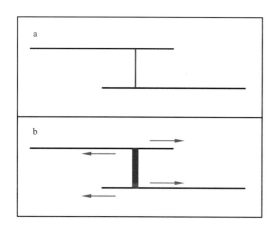

图 2-3-52 图 2-3-50 和图 2-3-51 的示意图，显示了原始的层控、高角度张性裂缝（a）以及沿层理面的剪切作用所导致的裂缝变宽（b）

图 2-3-53 一条垂向缝合线（两个箭头之间），向下终止于剪切层理面（紧邻深度标记之上）。4in 直径直井岩心；井孔向上方向朝照片顶部（图 2-3-54 将呈现层理面的视角）

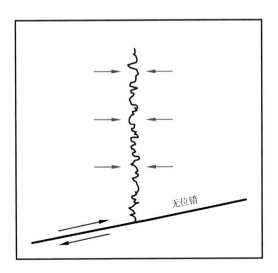

图 2-3-54 缝合线左侧的层理面可见微弱擦痕，平行于剪切面上所绘制的红色箭头，擦痕走向垂直于缝合线走向。层理面剪切作用调节了沿缝合线的物质损失。缝合线右侧的层理面未发生剪切作用。4in 直径直井岩心；井孔向上方向朝照片顶部

图 2-3-55 图 2-3-53 和图 2-3-54 地质力学系统的示意图，包括一条不完整剪切的层理面和一条垂向缝合线。剪切作用导致层理面之上、缝合线左侧的块体向右移动足够距离，以调节缝合作用期间的体积损失。位错尺度可能为毫米级

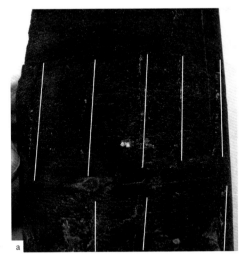

图 2-3-56 薄层状硅质海相页岩岩心中短小、层控、高角度裂缝的两种视角照片。a. 侧面视角，裂缝平行于白线；b. 两个裂缝面可见残余羽状构造（下部裂缝面）和不明显的缝合线面，破坏了羽状构造（上部裂缝面）。3in 直径直井岩心；井孔向上方向朝两张照片顶部

图 2-3-57 水平和倾斜的擦痕面连接着垂向缝合张性裂缝（"SVE"）的端部，调节了沿缝合线的体积损失。岩心中还存在一条不相关的、方解石矿化垂向张性裂缝（"VE"）。3in 直径直井岩心。a. 井孔向上方向朝观察者；b. 井孔向上方向朝照片顶部

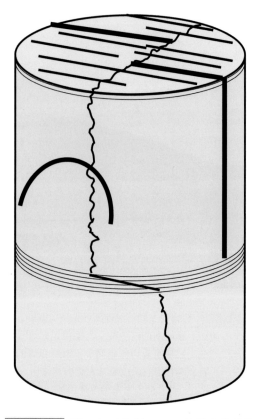

图 2-3-58 图 2-3-56 和图 2-3-57 地质力学系统的示意图，包括垂向缝合张性裂缝（不规则线）、后期垂向张性裂缝（粗黑线）、沿擦痕面（沿层理和斜交层理）的水平和斜向剪切作用（调节了沿缝合线的体积损失）。一条花瓣状裂缝（弯曲黑线）记录了现今最大水平压应力方向，可能造就了沿先存张性裂缝面的压溶和缝合作用

十一、缝合线

缝合线形成于不对称围限压力条件下的溶解作用并被不溶物质所内衬，考虑到其具有不规则平面线状特征（形成于岩石变形期间），也可将其视为裂缝。尽管缝合线极少显示出明显的开度，但是 Nelson（1981）和 Wennberg 等（2016）均认为缝合线可作为储层的渗流通道。与此同时，沿某些缝合线形成的张性裂缝也是储层渗流系统的重要贡献者。当该类裂缝发育良好时，通常可沿垂直于缝合面的方向延伸数厘米或者数十厘米，并在紧邻缝合线的区域形成具有亚平行、不规则走向的短小裂缝系统。具有伴生且发育良好裂缝的各条缝合线均可作为储层的一个高渗透夹层，因此叠置的缝合线—裂缝系统可显著提高储层的渗流性。

通常难以确定一组张性裂缝起源于缝合线或者裂缝形成时间早于缝合线并被相关联的溶解作用所削截。然而，某些独有标志却有助于进行上述区分。缝合线相关的张性裂缝通常在缝合线处最宽，一般起源于缝合齿。裂缝逐渐变窄并盲终止于相邻岩石内部。该类裂缝可能已发生矿化，但是通常未完全充填。可能发育于缝合线的一侧或者两侧。缝合线及其相关的裂缝最常见于相对易溶的碳酸盐岩地层，但是也存在于砂岩地层中，尤其是当砂岩深埋或者遭受显著构造挤压时（图 2-3-59 至图 2-3-69）。

图 2-3-59 泥质灰岩中发育良好、平行层面的缝合线的两种视角照片，一定厚度的黑色不溶物质沿缝合线集中分布，但是未见相关联的裂缝。4in 直径直井岩心的四分之一切片。a. 井孔向上方向朝照片顶部；b. 井孔向上方向朝远离观察者方向

图 2-3-60 石灰岩中平行层面的缝合线所具有的麻点状和港湾状表面。若无特有的残余不溶残渣，在岩心观察记录时极易漏掉该缝合线。岩心加工处理期间可能丢失不溶残渣，也可能不溶残渣仅附着于一个缝合面，但是因取样而丢失。4in 直径直井岩心的拼接块；井孔向上方向朝远离观察者方向

图 2-3-61 石灰岩中初始缝合线的窝坑状表面并不明显。在岩心切片面的横截面上极难识别，但是这仅是 1ft 岩心段中数个缝合线之一。4in 直径直井岩心；井孔向上方向朝远离观察者方向

图 2-3-62 发育良好的缝合线通常具有高齿状，即使在岩心碎块上也易于识别。岩心加工处理过程中常导致岩心碎裂，仅留下齿状擦痕面作为缝合线的证据。4in 直径直井岩心。a. 井孔向上方向朝照片顶部；b. 井孔向上方向朝照片顶部或者底部未知

图 2-3-63 缝合线最常见的方位是与层理平行的水平方向，此时上覆盖层重量构成最大压应力。此外，也可形成垂向、垂直层面的缝合线，通常发育于最大压应力位于水平面的构造背景，例如逆冲带。当层理发生褶皱时，缝合线可能掀斜至倾斜位置。叠置的缝合线（岩心取自白垩岩）记录了多期应力状态。4in 直径直井岩心的四分之一切片；井孔向上方向朝照片顶部

图 2-3-64 在薄层纹层状碳酸盐岩中，高角度缝合线面可能形成平行层面的脊状特征而不是锥形齿状特征。4in 直径直井岩心；井孔向上方向朝照片顶部

图 2-3-65 缝合线最常见于碳酸盐岩，但是也可形成于深埋砂岩中。该石英砂岩岩心（取自深度 6463 ft，但是曾经埋深至超过 14000ft）含低幅度、不规则水平缝合线。沿缝合线发育高岭土充填的裂缝，裂缝通常起源于齿痕，向紧邻的岩石延伸数厘米，并楔形变窄继而终止。该岩心段显示高岭土充填物内部仍存在残余孔隙度。3in 直径直井岩心；井孔向上方向朝照片顶部

图 2-3-66 相互连通、缝合线相关的裂缝网络（紧邻缝合线），可见水平面和垂直面，为了突出显示，在各条裂缝附近绘制了铅笔线。某些缝合线相关的裂缝系统可能由更多的平行裂缝所构成。4in 直径直井岩心；井孔向上方向朝照片顶部

图 2-3-67 一组近平行的缝合线相关裂缝（标注为 "sty gashes"），与石灰岩中的水平缝合线相关。裂缝自缝合线向上、向下延伸仅数厘米，随后终止，但是该组裂缝发育良好、相互连通、弱矿化，可构成储层中的水平高渗透夹层。4in 直径直井岩心；井孔向上方向朝观察者

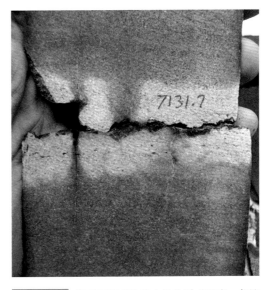

图 2-3-68 岩石溶解产生的大量物质（形成一条缝合线）沉淀于邻近缝合线的孔隙空间，造就了沿缝合线的低孔带（岩心此处未见褐色油浸；岩心取自缝合线附近的钙屑灰岩）。油浸分布特征也反映了沿缝合线相关的裂缝具有更高孔隙度，沿缝合线本身也可能具有更高孔隙度。4in 直径岩心的切片；井孔向上方向朝照片顶部

图 2-3-69　石灰岩岩心的两张照片显示了缝合线相关的张性裂缝具有更高孔隙度。a. 暴露在岩心切片面的裂缝含油；b. 岩心切片暴露于紫外线下的荧光显示（切片之前、相同层段的全岩心）。4in 直径直井岩心；井孔向上方向朝两张照片顶部

第四节　矿化作用

　　Wennberg 等（2016）基于地层层序中不同层的可变力学性质构建了裂缝模型，可获得储层内部裂缝强度分布的合理估计值，但是并未考虑裂后（裂缝形成之后）矿化作用和/或溶解作用，这两种作用也显著影响单一裂缝的渗透率。矿化作用导致开度变窄，继而限制平行裂缝的渗透率，而溶解作用及其相关的成岩作用可促使裂缝开度变宽，继而提高渗透率。许多裂缝存在上述两种过程的证据。矿化作用也可能限制或不限制过裂缝面的渗透率，阻碍由基质向裂缝的流动，这取决于基质渗透率与矿化层渗透率之间的比率。Lorenz 等（1989，2005）在实验室测量了狭窄、方解石充填型裂缝的渗透率，发现过裂缝和沿裂缝方向的渗透率等于或大于微达西级尺度的基质渗透率（致密、天然气砂岩储层），因此，某些类型的矿化作用至少不会限制某些类型储层中的流体流动。

　　裂缝系统对于储层渗流的重要性取决于裂缝渗透率与基质渗透率的比率。对于具有毫

达西级尺度基质渗透率的储层而言，具有微达西级尺度、平行裂缝流动的裂缝系统可能并不重要；但是对于纳达西级尺度基质渗透率的储层而言，尤其是当储层压力高、产出烃类为天然气（而非原油）时，同样是微达西级尺度的裂缝系统将显著影响储层生产能力。

未矿化天然裂缝也常见，但是大多数天然裂缝至少经历了一次矿化事件所致的蚀变，许多天然裂缝甚至显示出多期叠加的矿化层。与通常可识别的情况相比，溶解作用可能更为常见，其原因在于一般难以将裂缝面上的微弱溶解作用与未发生矿化作用的裂缝面区分开，此外，后期矿化层也经常掩盖早期溶解作用证据。溶解作用也可移除更早期的矿化层。

在裂缝作用期间或者裂缝作用之后的任何时间，矿物均可能沉淀于裂缝，这取决于地层的埋藏史和地球化学史。裂缝成岩作用甚至可能发生于油田的短暂寿命期，与生产相关的压力和温度变化，导致矿化物沉淀于裂缝，其作用机制类似于矿物结垢沉淀于生产油管。若在互联网上搜索"井筒油管结垢"，将呈现出令人印象深刻的图像：油田集输系统管道内部的流动限制了矿化作用。

许多岩心的裂缝宽度和开度数据表明，相对于狭窄裂缝而言，具有更大宽度的裂缝通常更易发生完全矿化充填作用（依据咬合百分比；图2-4-1）。但是，宽裂缝中的少量残余裂缝孔隙度可能比极窄裂缝中的大量残余孔隙度更为重要。更宽的裂缝通常更高、更长，与小型裂缝相比，在矿化作用之前可能更易于流体流动。然而，小型裂缝也十分重要，其原因在于一个裂缝系统内小型裂缝的数量远大于大型裂缝。此外，全直径岩心渗透率测量结果通常显示，即使是狭窄的小型裂缝也可保留相当大的有效渗透率。

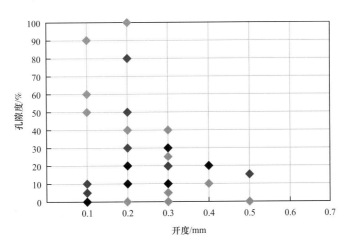

图2-4-1 裂缝开度与已矿化裂缝开度内部的残余裂缝孔隙度之间的交会图，数据来源于两套钙质页岩地层的高角度张性裂缝。数据揭示了许多裂缝数据集所常见的一种趋势，即更宽的裂缝通常其开度被矿化作用所充填的比例更大。然而，宽裂缝中即使仅存少量残余孔隙度，也可作为有效的流体流动通道。数据还表明许多地层中的狭窄裂缝可保留大量残余孔隙度，继而为储层渗流系统作出贡献（n=53）。暗点强调数据重叠

一、方解石矿化

方解石作为沉积体系内易溶、易流动组分之一，可能是油气储层中裂缝矿化的最常见类型。裂缝中常见的其他矿物包括石英、黏土、黄铁矿、重晶石、白云石、沥青、石膏和岩盐（排名不分先后）。

方解石矿化通常表现为具有自形晶面的晶体习性（图2-4-2），证实了矿化物生长进入裂缝宽度内的开放空隙空间。方解石可呈连续层状（覆盖裂缝面）产出，也可呈分散晶体产出（图2-4-3、图2-4-4）。大型裂缝中的矿化作用通常由裂缝壁向内生长至开度中部（图2-4-5），但是也常见单层矿化作用的实例。

方解石矿化也可呈宏观的非晶形层（图2-4-6），尤其是生长进入狭窄的裂缝开度而无法发育良好晶体时（图2-4-7、图2-4-8）。非晶方解石也可能为沉淀之后剪切作用的结果（图2-4-9）。如果剪切作用微弱，方解石可能形成鱼鳞状样式，记录剪切方向（图2-4-10）。

通常将针状、柱状晶体解释为晶体生长与裂缝开启同时发生（图2-4-11）。某些矿化层似乎在沉淀之后发生了重结晶，因此在沿裂缝面的连续晶体中可见大型斑块状矿物（图2-4-12）。上述所有结构均影响裂缝的渗透率，在岩心观察记录时应注意。

矿化作用也可能沿裂缝不规则分布，因此难以估算整个取心筒内裂缝的残余裂缝孔隙度大小（图2-4-13），但是应格外小心，原因在于岩心加工处理过程可影响裂缝的视矿化度（图2-4-14、图2-4-15）。

图2-4-2 自形晶方解石覆盖张性裂缝面，岩心取自超压的河流相砂岩（埋深6200ft）。晶体状矿化常见于裂缝中，并且必须生长进入开启的裂缝开度。两张照片中部的岩桥最初连接着相对的裂缝面，现在被白色方解石（而非透明方解石）所包围，表明其已遭受应变，可能受控于矿化作用之后裂缝重新活动期间的岩石网弯曲作用。4in直径直井岩心。a.井孔向上方向朝照片顶部；b.井孔向上方向朝观察者。1960年，Griggs和Handin（壳牌岩石力学实验室的知名专家）写到"简直不可思议，在埋深……处存在一条开启裂缝"，因为深部的高围限应力可导致任何平面空隙快速关闭。上述语句写于有效应力概念得到更全面认识之前（Gretener，1979），即孔隙压力具有抵销大量原地围限应力的作用

图 2-4-3 某些矿化作用由孤立的方解石晶体组成,方解石晶体分散于高角度张性裂缝面。虽然该类矿化作用仅阻塞了砂岩中极少量的裂缝宽度,但是可造成沿裂缝面的流体流动紊乱,也可作为最小裂缝开度的指示。4in 直径直井岩心;井孔向上方向朝照片顶部

图 2-4-4 沿高角度张性裂缝的裂缝面,方解石矿化作用存在微弱变化(岩心取自海相页岩),小型方解石呈斑点状分布于切过两个钙质薄层时的裂缝面(白色括号)。余下的裂缝面(切过钙质含量低的页岩)未矿化。4in 直径直井岩心;井孔向上方向朝照片顶部。矿化作用可沿裂缝面发生改变,主要受岩性的影响

图 2-4-6 方解石矿化并非总是白色;覆盖裂缝面(海相页岩)的方解石遭受油浸但是冒泡。4in 直径直井岩心的二分之一切片;井孔向上方向朝照片顶部

图 2-4-5 海相页岩中三个裂缝相关的面(平行于照片平面),矿化作用产生的裂缝壁不断生长直至形成进入毫米级尺度的开启裂缝开度。白色箭头显示裂缝面,此处的矿化物已剥落、缺失;红色箭头显示方解石的自形晶体面,由裂缝面向外朝观察者方向生长;黑色箭头指示第二个面的背面,即相对矿化层,该矿化层弱附着于缺失的裂缝面,向远离观察者方向生长进入裂缝开启空隙。4in 直径直井岩心;井孔向上方向朝照片顶部

图 2-4-7 海相页岩中的狭窄张性裂缝被方解石所充填，方解石的硬度弱于岩石，因此岩心沿裂缝面破裂。方解石薄层（在小型白色斑块处，方解石自裂缝面剥落）未指示矿化作用由相对的裂缝壁生长而来。在薄层方解石下面，可见裂缝顶部的扭曲锯齿状裂口和裂缝面上的羽状构造。4in 直径直井岩心；井孔向上方向朝照片顶部。某些张性裂缝的宽度不足 10mm，沿裂缝高度和长度方向，宽度相对均一

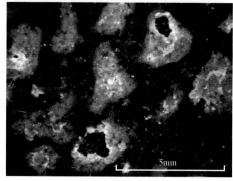

图 2-4-8 张性裂缝面（平行于照片平面）上的某些薄层方解石具有鼓泡状结构（岩心取自海相页岩）。该结构一般指示矿化层之下聚集的天然气自岩心向外扩散，导致方解石层鼓胀。4in 直径直井岩心；井孔向上方向朝两张照片顶部

图 2-4-9 剪切裂缝中方解石矿化的两种视角照片。a. 侧缘视角；b. 方解石矿化层之下的裂缝面见擦痕。剪切裂缝通常具有较大的空隙，利于自形矿化物沉淀。裂缝面见大量非自形方解石，表明其沉淀之后又遭受了剪切作用。4in 直径直井岩心；井孔向上方向朝两张照片顶部

图 2-4-10 毫米级尺度剪切位错在方解石裂缝矿化物中产生的鱼鳞状结构。具有鱼鳞状方解石矿化的高角度裂缝的侧缘视角（a）和裂缝面视角（b）。层理位错表明不对称矿化作用记录了位错方向，如红色箭头所示。4in 直径直井岩心的切片；井孔向上方向朝两张照片顶部

图 2-4-11 平行、针状晶体最常见于水平"肉状夹石"充填型张性裂缝内部，表明该构造的独特成因。针状习性通常指示晶体生长与裂缝开启同时发生，无开启空隙空间，因此无法发育自形晶面。未固结沉积物内部的晶体生长具有置换性，但是在已岩化的岩石中，结晶压力无法将裂缝推开或者使裂缝保持开启，因为点接触压力增加了晶体的溶解性，进而造成压溶效应超过结晶力。2.5in 直径直井岩心；井孔向上方向朝两张照片顶部

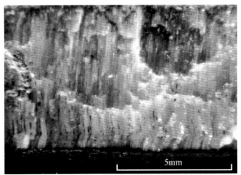

5mm

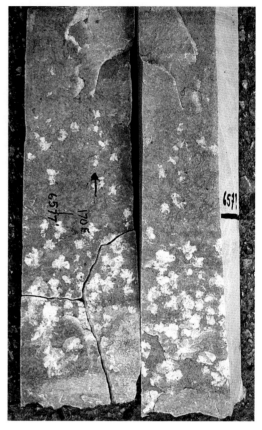

图 2-4-12 张性裂缝（平行于照片平面）形成于白云岩中，被连续结晶方解石层所覆盖。方解石层的破碎边缘形成沿结晶轴的几何、直角边缘。红—黑线对指示井孔向上方向朝照片顶部；绿线为主方位线，有助于记录取样和切片之前的岩心方位连续性。4in 直径直井岩心；井孔向上方向朝照片顶部。某些单层裂缝矿化作用已发生重结晶，相对较大的斑块状单晶方解石（非自形）充填裂缝宽度

图 2-4-13 砂岩中一条张性裂缝的相对面。斑块状白色方解石矿化充填作用在裂缝底部附近发育更好，此处裂缝宽度变窄并终止于一个页岩质层；矿化作用在裂缝上部发育较差。过裂缝的方解石斑块不相关联，表明矿化物自相对的裂缝面向内生长。4in 直径直井岩心；井孔向上方向朝照片顶部。矿化作用并非总是沿裂缝均匀分布

图2-4-14 裂缝面发育于胶结良好的砂岩，将裂缝面开启，以蝴蝶展翅的方式显示，即相对的裂缝面平行于照片平面并朝向观察者。白色方解石矿化物覆盖各个裂缝面约一半的面积，但是方解石已完全充填裂缝，拉离时呈现为斑块状。某些方解石矿化物附着于一个裂缝面，某些方解石矿化物附着于另一个裂缝面。一个裂缝面上的矿化空洞与另一个裂缝面上的矿化斑块形状相匹配。如果仅评估其中一个裂缝面，则可能错误地将该裂缝评价为50%矿化充填。4in直径直井岩心；井孔向上方向朝照片顶部。评估裂缝开度内的矿化度时应十分小心

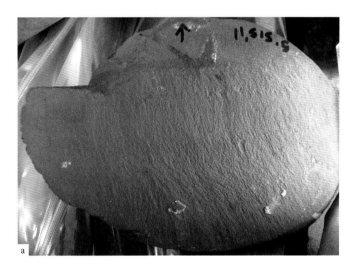

图2-4-15 在极端的实例中，高角度张性裂缝的两个面（取自细粒灰岩），当岩石沿裂缝面破裂时，狭窄裂缝中几乎所有的薄层方解石矿化物均附着于其中一个面。a.几个小型斑块状方解石，而其他区域表现为未矿化裂缝面；b.相对的面，几乎完全为方解石层。4in直径水平井岩心，裂缝与岩心轴斜交；地层向上方向（如黑色箭头所示）朝两张照片顶部

二、其他类型的矿化作用

任何类型的矿物均可充填裂缝，主要取决于地层的地球化学史，除方解石之外，其他常见类型的矿化作用包括石英（图2-4-16、图2-4-17）、白云石（图2-4-18、图2-4-19）、硬石膏（图2-4-20）及黄铁矿（图2-4-21）。

许多裂缝存在多期矿化事件的证据，实际上该现象可能更为常见，原因在于年轻的矿化作用可能覆盖并掩盖老的矿化层。两期或多期沉淀事件可能沉积具有相同基础矿物的矿化层，此时应借助于颜色或晶体习性对其进行区分（图2-4-22）；而某些叠置矿化层由完全不同的矿物组成（图2-4-23、图2-4-24）。沿页岩中的剪切裂缝通常形成薄层变质岩（图2-4-25），尽管不属于沉淀型矿化作用，但是薄层变质岩层阻碍由基质岩石向裂缝开度的流体流动。

图2-4-16 非晶质石英充填一条宽的张性裂缝（发生了二次剪切位错，岩心取自胶结良好的粉砂岩）。顶部岩心碎块与其余岩心分离，无法固定回原处。原始的裂缝充填物可能为晶体石英，受低级变质作用（常见于该套前寒武系石英质粉砂岩）的影响，蚀变为非晶质石英。4in直径直井岩心；井孔向上方向朝照片顶部

图2-4-17 天然张性裂缝具有粗糙裂缝面，看似未矿化，但是其包覆一层细粒的亚毫米级自形石英晶体，不借助显微镜无法观察到。晶面发出反射光，证明存在石英晶体，但是在解释时应十分小心，谨慎对比晶面与岩石的已知新鲜裂口，因为破碎的石英颗粒也具有类似的反射光。4in直径直井岩心；井孔向上方向朝照片顶部

图 2-4-18 大型、菱形白云石晶体部分覆盖白云岩中的张性裂缝面。红—黑线对指示岩心的井孔向上方向,绿线为方位线。4in 直径直井岩心;井孔向上方向朝照片顶部

图 2-4-19 白云石晶体桥接白云岩母岩中的不规则裂缝宽度,造成沿裂缝面的不规则流体流动路径。4in 直径直井岩心;井孔向上方向朝照片顶部

图 2-4-20 硬石膏沉淀于裂缝面(硬石膏胶结的非海相粉砂岩)。自形晶体形成于较宽的裂缝张开区,而非晶质硬石膏形成于裂缝的狭窄部分。4in 直径直井岩心;井孔向上方向朝照片顶部

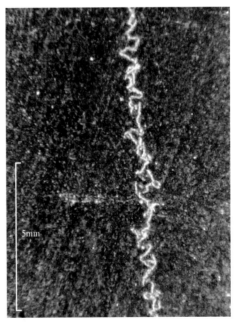

图 2-4-21 早期形成、肠状褶皱裂缝被黄铁矿所充填。2.5in 直径直井岩心;井孔向上方向朝照片顶部黄铁矿常见于与热液流体相关的裂缝以及形成于厌氧成岩作用早期的裂缝

图 2-4-22　白垩岩地层中的两期方解石矿化事件，分别对应于白色、结晶方解石矿化物和黄色、非晶质方解石矿化物。白色方解石充填物保留了大量残余裂缝孔隙度。a.两期裂缝充填事件的相对年龄不清晰，但是基于 b，推测白色方解石裂缝充填事件早于黄色方解石充填事件，其原因在于白色方解石被缝合作用所削截，而黄色方解石未被缝合作用所削截。4in 直径直井岩心的四分之一切片；井孔向上方向朝两张照片顶部

图 2-4-23　不同时期形成的裂缝可能包含不同类型的矿化作用（岩心取自海相页岩）。右侧的早期、平面线状特征略差的裂缝被非晶质灰色石英所充填；左侧的晚期、平面线状特征更好的裂缝被方解石所充填。4in 直径直井岩心的切片；井孔向上方向朝观察者

图 2-4-24 黄铁矿可呈斑块状沿早期裂缝分布，后期矿化作用充填黄铁矿周围的裂缝开启空隙。该倾斜裂缝（海相页岩）被早期黄铁矿和晚期方解石所充填。少量的黄铁矿即可造成成像测井上呈现明显的裂缝信号。2.5in 直径直井岩心；井孔向上方向由照片平面斜向外、朝照片顶部

图 2-4-25 页岩中具有擦痕的玻璃质剪切面可能发生矿化作用，也可能未发生矿化作用，但是剪切作用所造成的黏土颗粒定向排列可作为有效的矿化物，阻碍由基质岩石向裂缝开度的流体流动。左下角的破碎岩石说明抛光层的厚度有限，与下伏的弱层状粉砂质海相页岩反差明显。4in 直径直井岩心；井孔向上方向朝观察者

在美国落基山脉地区的砂岩储层中，通常发育早期亚毫米级尺度的石英晶体，其上覆盖后期的方解石层（图 2-4-26）。石英晶体过小，如无薄片和显微镜，通常难以识别。然而，制备裂缝的薄片应加以注意；利用薄片观察裂缝的最佳角度通常为垂直于裂缝面的平面，如果裂缝破裂且裂缝面开启，则将构成薄片的一个边缘。如果该边缘未能仔细保存，在薄片制备的各个阶段均可能会丢失裂缝面的重要细节信息。薄片方位（相对于裂缝面）十分重要，在制备薄片时应记录清楚。

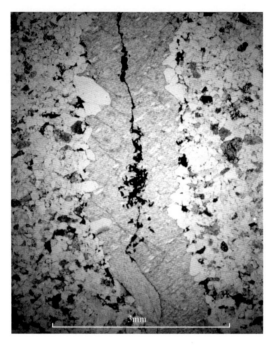

图 2-4-26 砂岩岩心的薄片，显示方解石充填裂缝开度，方解石叠覆小型石英晶体（在方解石矿化作用之前生长进入裂缝开度）。中央的烃类微颗粒带可能遭受扰动并随着矿化物充填裂缝而置换入裂缝中央（据 Lorenz 等，1998）

三、原油和沥青

从充填储层的可动油残余物到不同类型的焦沥青，各种烃类均可充填裂缝（烘烤过的油类残留物，类似于煤；图 2-4-27 至图 2-4-33）。可动油并不阻塞裂缝，也不会降低渗透率，但是脱挥发组分的焦油和焦沥青将阻塞裂缝、降低渗透率，因此可被视为一种矿化形式。如何区分上述两种类型的烃类就显得尤为重要，许多储层同时含可动油和不可动的早期原油残余，导致解释更为困难。此外，下述因素可导致其进一步复杂化：储层温度和压力条件下的可动油，当取出至地表并在炎热岩心房的岩心盒内放置数年之后，可能脱挥发组分并丧失可动性（图 2-4-34），变得类似于可动性差的烃类（阻塞储层渗透性）。

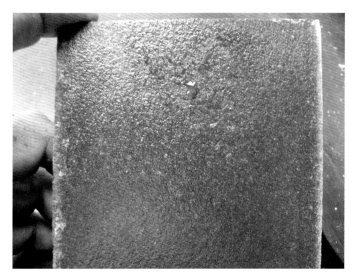

图 2-4-27 储层中的轻质、可动油包覆高角度张性裂缝的方解石矿化面（岩心取自钙质海相页岩）。裂缝表面的原油呈淡黄色，水呈圆珠状（上部和中部）。如果储层原油为轻质油，在钻井和岩心加工期间，可能被冲洗；如果未被冲洗，也可能在数小时或数天的处理过程中发生蒸发，仅在岩心中留下少量原油的证据。5¼in 直径直井岩心；井孔向上方向朝照片顶部

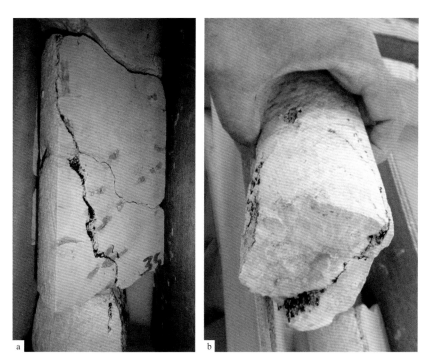

图 2-4-28 白垩质灰岩中的含硫可动稠油集中分布于裂缝中，在岩心观察记录时已不再具有可动性并且十分黏稠。4in 直径直井岩心的拼接块；井孔向上方向朝两张照片顶部。充填可动稠油的张性裂缝的两种视角照片。储层可动油呈弥散状分布于岩石或者呈集中式分布于裂缝。岩心取出之后数月，稠油仍可能从岩心中渗出。如果取心之后所形成的各种表面（例如岩心切片面）存在渗出原油，则有助于将其与不可动沥青区分开

图 2-4-29 储层中的稠油呈弥散状分布于风成砂岩，包覆方解石矿化的走滑剪切裂缝面（平行于照片平面），掩盖了矿化物、擦痕及剪切阶步。该岩心已取出三十年，但是黏稠、焦油状原油残余物仍从岩石中渗出至岩心的新鲜破裂面，依然浸染手指（棕色）。4in 直径直井岩心的碎块；井孔向上方向朝照片顶部

图 2-4-30 泥质灰岩中的裂缝内衬有非黏性、不可动的黑色固体沥青，属于早期充注储层的原油的残余物。不同原油于后期再次充注储层（早期原油降解为沥青之后），后期充注的原油目前正在生产。早期的沥青部分阻塞并降低沿裂缝的渗透率。为了便于观察，对裂缝面上的钻井液进行了清洗，因此在裂缝面上残留了浑水滴。4in 直径直井岩心的切片；井孔向上方向朝照片顶部

图 2-4-31 黑色、块状、具有光泽的烃类物质覆盖裂缝面（平行于照片平面），该烃类属于天然、脱挥发组分的焦沥青（岩心取自湖相碳酸盐岩层序）。焦沥青通常类似于煤，具有贝壳状裂口，易于崩裂为微粒。该物质无黏性，但是可形成一种黑色粉末（沾染手）。4in 直径岩心的二分之一切片；井孔向上方向朝照片顶部

图2-4-32 充填焦沥青的短小、高角度张性裂缝的
两种视角照片（岩心取自海相灰岩）。裂缝面近平行
于岩心切片面。b. 两个裂缝面以蝴蝶展翅形式展开
（"转折处"位于裂缝底部、沿层理）。呈块状产出的
破碎沥青（尤其是箭头附近）。层理倾斜，4in 直径
直井岩心；井孔向上方向朝两张照片顶部

图2-4-33 固体焦沥青部分充填不规则、高角度
张性裂缝（岩心取自细粒海相灰岩）。焦沥青充填的
裂缝切割一条不同的、平面线状特征更明显的裂缝
（未矿化、年代更老、具有褐色裂缝面、平行于照片
平面）。此外，还出露新鲜破裂的斑块状灰色岩石。
下部沿岩心轴的白线为技术人员利用小刀划破塑料
薄膜包装（用于暂时保存流体饱和度）时产生的划
痕。4in 直径直井岩心；井孔向上方向朝照片顶部

图2-4-34 通常不易区分岩心中的焦沥青与黏稠
可动油残余物。1in 直径岩心塞沿一条垂直、烃类充
填张性裂缝的轴向取出，以蝴蝶展翅形式展开裂缝，
以便于显示两个裂缝面。虽然呈固态、块状，但是
该烃类不具有光泽或脆性，因此可能并不是焦沥青，
也不是黏稠的焦油或者稠油。可能为充注储层的高
黏度原油的残余物，在取出至地表并放置于炎热岩
心房（位于得克萨斯州）的岩心盒内数年期间，发
生了脱挥发分作用。中部的棕色物质为钻井液。1in
水平岩心塞，取自4in 直径直井岩心；裂缝面在原
地为垂向，井孔向上方向朝照片左侧或者右侧

某些裂缝具有烃类和无机物混合矿化充填的特征（图 2-4-35）。两期矿化作用的相对年龄并非总是清晰，但是看似最合理的解释通常是烃类物质更年轻，当其运移进入未完全矿化的裂缝之后，充填晶间空隙。然而，无机矿化作用形成于早期侵位的烃类之后并在裂缝开度内缓慢生长也并非不可能。

在岩心观察记录时，储层可动油（颜色介于黄色—暗棕色，紫外光下常见荧光）通常染手。岩心自储层取出时可能含相对轻的油，该类岩心可能在取心作业时浸泡于原油中，但是在岩心加工处理期间原油可能蒸发和／或被清洗。谨记，切勿将油基钻井液误认为储层原油。

焦油和沥青形式的稠油残余物颜色更深、黏性更大。该类原油残余物在岩心取出之后数月仍可从岩石中渗出，通常沿裂缝渗出。因此，一般很难确定该烃类是可动油的残余物或者是构成阻塞裂缝的矿化物。与此相反，焦沥青完全阻塞裂缝。焦沥青可能破裂，呈块状和光泽状，类似于煤。在加工处理含焦沥青充填裂缝的岩心时，手指和手掌可能擦掉黑色粉尘。

图 2-4-35 方解石矿化、焦沥青充填裂缝的两种视角照片（岩心取自石灰岩）。在裂缝宽度内，方解石和焦沥青不可避免地发生混合，二者均阻碍储层可动油的流动。4in 直径直井岩心；井孔向上方向朝两张照片顶部

四、假矿化作用

存在矿化作用可被视为确定裂缝为天然成因的一个最佳标志，但是将某种物质判定为矿化物也并非总是十分准确。取心和加工处理过程形成了类似于矿化作用的多种类型的物质和构造，这些物质和构造也可见于天然和诱导裂缝的表面。

最容易判定为假矿化作用的现象为黑色、含铜螺纹润滑油，该含铜润滑油用于给钻柱的接头进行润滑。该物质的溅出物不可避免地混入钻井液，附着于岩心表面并进入裂缝开度。对于经验欠缺的人员而言，该润滑油和钻井液本身均类似于矿化作用。

渗入岩心的地层流体、钻井液、切片流体通常饱含硫酸盐或氯化物。岩心取出或切片之后，该流体发生蒸发，所含的矿物将沉淀于任意类型的岩心表面，包括天然和诱导裂缝面（图 2-4-36、图 2-4-37）。这些粉化物质有时可形成细丝状（类似于发丝），显然不是原地成因；但是某些情况下却类似于固体、天然矿化物。如果裂缝面被疑似粉化物质所包覆，应观察该类物质是否存在于明显的人造面，例如岩心切片面和岩心塞钻孔。

某些海相化石，尤其是双壳类叠瓦蛤属（*Inoceramus*），表现为针状、柱状方解石晶体（方位垂直于介壳表面），类似于水平"肉状夹石"充填型张性裂缝中的结晶方解石（图 2-4-38）。

切片技师通常按照适宜拍照的要求对岩心进行切片，这种切片思路通常导致优先将裂缝划归为岩心拼接块，因此仅依据岩心切片很难准确界定裂缝强度。如果岩心切片面无法避免裂缝，切片技师将使用胶水粘合裂缝，以确保切片期间岩心保持完整。当粘合面出露时，该现象通常十分明显（图 2-4-39）；但是如果粘合裂缝仅见于横截面，则可能模糊不清，继而造成错误解释。

以较小的角度对天然或诱导裂缝面进行切片时，裂缝一侧的弱支撑岩楔通常将发生破碎（紧邻裂缝约 1mm），造成该现象的原因包括切片锯或者电动砂光机（用于消除切片面上的锯痕）。破碎岩块保留于原地，可能类似于矿化物（图 2-4-40），但是该构造具有破碎性，利用手持放大镜易于识别；此外，如能判定破碎带局限分布于切片面之下不足 1mm 的范围内，也可解决此问题。

图 2-4-36 取自白垩储层的岩心块，在一个平面见蒸发状玫瑰花结和簇（可能为石膏），可能被误认为矿化的天然裂缝，但是实际上为一个切片面。4in 直径直井岩心的碎块；井孔向上方向未知。裂缝面上的粉化物质类似于矿化物，但是如果该物质也存在于岩心外表面、切片面，或者岩心塞钻孔内表面，则这种视矿化物在地下条件并不存在

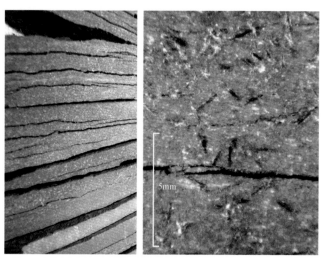

图2-4-37 包覆岩心切片面的小型针状蒸发岩矿物（具体成分未鉴明）的两种视角照片（岩心取自海相页岩）。针状物质不仅分布于天然裂缝面，还呈凸起状分布于岩心切片面，因此判定其形成于切片处理之后。4in直径直井岩心的切片；井孔向上方向朝两张照片顶部

图2-4-38 双壳类贝壳（尤其是白垩系页岩，但不限于白垩系页岩）形成岩心尺度的裂理，由平行、柱状方解石晶体组成。该贝壳类似于水平"肉状夹石"充填型裂缝。区分标准包括出露的层理面（可能显示生长环和有机贝壳衬里的残余物）和横截面（天然裂缝的横截面通常具有双层习性，可见中央线）。3in直径直井岩心；井孔向上方向朝照片顶部

图2-4-39 某些服务公司或者某些技师（服务公司未知）为了便于加工处理（尤其是切片），利用胶水粘合裂缝。当裂缝面出露时，这种现象通常十分明显；但是当胶水凝固、粘合裂缝面仅出露于横截面时，该现象将不太明显。4in直径直井岩心的碎块，取自不同的海相页岩地层

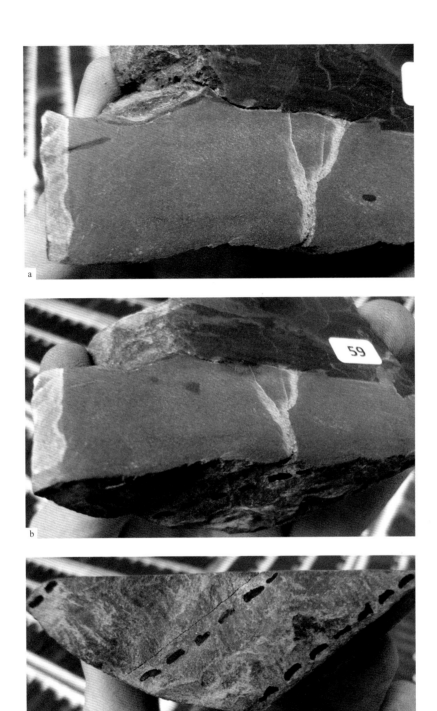

图 2-4-40 岩心碎块（含三条狭窄、平行、高角度天然张性裂缝）的三种视角照片所示，中间裂缝在切片过程中遭受严重破坏，形成一条看似为白色矿化作用但是却由破碎岩石所组成的条带。破裂仅局限分布于切片面之下。4in 直径岩心的切片。a 和 b. 井孔向上方向朝照片顶部；c. 井孔向上方向朝远离观察者方向。如果切片面以倾斜角度切过一条裂缝，则裂缝一侧的无支撑岩楔将在切片和切片面抛光过程中发生破裂。破碎的白色岩石可能类似于矿化物

取心、切片和／或切片面磨光过程所产生的岩粉也可进入岩心的任何裂缝，包括诱导裂缝，可能类似于细粒白色矿化物（图2-4-41）。由于该岩粉粒度细，如果母岩为碳酸盐岩，则相对于围岩，该岩粉将更易冒泡；但是因其微小性，难以利用手持放大镜进行辨识，可能将其误判为钙质矿化物。通常情况下，该岩粉集中分布于岩心表面附近的裂缝。

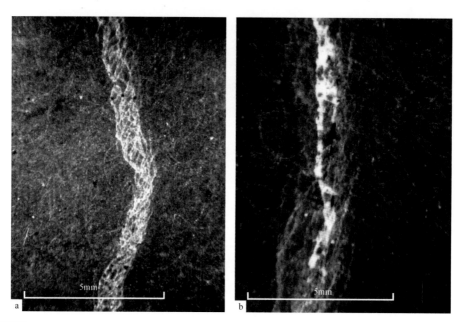

图 2-4-41　切片面上沿诱导裂缝的破碎岩石的放大照片（a）和沿诱导裂缝的白色岩粉"充填"现象的放大照片（b）。垂向裂缝面的走向近似平行于照片平面，向照片内、朝右倾斜。裂缝面和切片面之间的无支撑岩楔在切片和切片面抛光过程中破碎，但是仍基本保持原位。切片和切片面抛光过程所形成的岩粉聚集于破裂带。岩粉和破碎带均类似于矿化作用。切片面上的微弱花体线为轨道抛光机的划痕（为了清除切片锯痕，对切片面进行抛光处理）。直井岩心；井孔向上方向朝两张照片顶部

第三章 诱导裂缝

第一节 引 言

取心、岩心定向和岩心处理过程也会产生裂缝。这些非天然或诱导裂缝在岩心中很常见，它们对储层渗透率没有任何贡献，因此必须与天然裂缝区分开，且不纳入储层裂缝数据库或裂缝渗透率模型中。一些诱导裂缝提供了应力信息和方向参考，这对计算天然裂缝的走向和岩心中的其他特征非常有用。

天然裂缝和诱导裂缝的区别并不是很明显。误导性的假矿化类型可能导致诱导裂缝看起来是天然裂缝，而诱发的压裂可能会扩展天然裂缝，从而导致其具有两种特征的复合结构。此外，尽管诱导裂缝在这里以不同的类别显示，但不同类型的诱导裂缝几何形状范围是重叠的。例如，当钻井液利用花瓣裂缝在下方产生小的水力压裂时，由于钻头施加在地层上的重量而形成的花瓣裂缝通常沿岩心轴线向下延伸，进而形成单一的花瓣中心线结构。不同的应力条件下，在形成的瓣状裂缝谱的另一端，瓣状裂缝会产生一个鞍形几何形状，切过岩心的轴线，并与前述瓣状裂缝的特征重叠。类似地，由岩心扭转而形成的螺旋扭矩裂缝也可与无意中将更多的岩石放入岩心筒而产生的干扰裂缝重叠。

在垂直和水平岩心中常见的诱导裂缝包括：

（1）花瓣裂缝；

（2）鞍状裂缝；

（3）中心线裂缝；

（4）盘状裂缝；

（5）划刀裂缝；

（6）扭矩裂缝；

（7）敲击裂缝；

（8）岩心压缩裂缝；

（9）岩心弯曲裂缝。

在这些裂缝中，花瓣裂缝和中心线裂缝可能是最容易识别和最常见的。它们也是诱导裂缝中最有用的类型，因为它们几乎总是平行于原位最大水平挤压应力。因此，它们提供了有效且重要的岩心定向依据。由于钻头应力是倾斜的而不是平行于原地层应力，这两种诱导裂缝类型在倾斜井眼切割的岩心中并不常见，但是层理和井眼偏差调查提取可以提供足够的信息来大致确定倾斜岩心和任何其他岩心的方位。以上列出的其他诱导裂缝类型不提供应力信息，但是其中一些提供了取心和处理过程的成因依据。这些裂缝通常被识别为诱发成因，因此不是储层裂缝渗透性系统的一部分。

此处还将例举其他几种诱导裂缝类型，以及由水力压裂造成的裂缝，同时论述了注水造成的一组独特的裂缝。

用于区分岩心天然裂缝和诱导裂缝明显差异的图书有很多（例如，Kulander 等，1990）。下面将提供一个简短的清单，但重要的是，要认识到这些特征通常并不适用于每种诱导或天然裂缝类型。对于大多数区分标志而言，有很多例外，通常记录人员对各种常见的诱导和天然裂缝类型的辨别经验比尝试使用模棱两可的特征标志效果更好。

然而，模棱两可的裂缝在岩心中很常见，辨别标准仍然有用，并且可以部分替代经验。使用此标准时，岩心记录应尽可能使用多个相互验证的标准，而不是根据单个特征进行解释，同时应考虑整个裂缝组的特征，而不要只考虑单个裂缝的特征。这可能意味着对前几条记录的裂缝进行初步鉴定后，在评估该组更多的裂缝时仍可能会改变先前解释。如果可能的话，应该把所有可用的岩心、岩块和拼接块放在一起，同时将来自破碎区较大的岩心碎片应该重新组合起来，以获得单个裂缝表面最大可能的样本。此外，岩心段应首尾相连，以确保岩心中的连续裂缝是平行的，并且是一组裂缝的一部分，尽可能涵盖裂缝组中尽可能多的裂缝。

区分岩心中诱导裂缝和天然裂缝的标准如下。

诱导裂缝的共同特征：

（1）粗糙，未矿化，新鲜裂口；

（2）花瓣唇在岩心边缘；

（3）与岩心边缘相互作用并随岩心轴呈羽状延伸；

（4）裂缝平面始终垂直于或平行于岩心轴。

天然裂缝的共同特征：

（1）矿化；

（2）与矿化裂缝相似的方向和几何形状；

（3）与岩心表面无相互作用；

（4）具有与岩心轴无关的羽状、阶步或擦痕轴向；

（5）通常比诱导裂缝更平面化、更系统化。

第二节　花瓣裂缝和鞍状裂缝

花瓣裂缝可能是最容易识别的诱导裂缝类型，但它们也具有最多的形态和尺度（图3-2-1）。花瓣裂缝可能是孤立的裂缝（图3-2-2、图3-2-3），也可能是紧密排列并成簇出现（图3-2-4至图3-2-6）。它们可能仅在岩心的一侧形成，也可能在岩心的相对侧形成相向或交错的裂缝对（图3-2-7）。

花瓣裂缝的破裂表面可能是粗糙的（图3-2-8）、光滑的（图3-2-2），或者向上凹的拱梁，表明向井下传播逐渐增强（图3-2-9、图3-2-10），或为羽状，表现为向井下更快速、单一事件的应力传导（图3-2-11）。花瓣裂缝平面可能仅延伸到岩心中数厘米，也可能延伸到中心线裂缝，并沿岩心中轴线弯曲数十英尺。

花瓣裂缝倾角通常随深度增加而形成一个向下凹的几何形状，并朝向最近的岩心表面（图3-2-11），也有一些花瓣裂缝呈平面线状甚至向上凹入（图3-2-12）。花瓣裂缝的间距可能很小，以致使岩心破碎或形成破碎外观，掩盖了花瓣的几何形状（图3-2-13）。

尽管存在这种可变性，但花瓣裂缝具有一系列可用于识别的共同特征，包括沿岩心轴的180°保持对称。直井岩心中的花瓣裂缝通常不会从岩心表面延伸超过整个岩心的一半，然后会顺着岩心轴线终止或向下弯曲。岩心边缘的花瓣裂缝倾角也总是向下倾斜（有时倾角很浅），这样当岩心保持在原位时，裂缝与岩心表面相交形成彩虹状，此时裂缝为垂直走向。假如裂缝在该位置表现为花瓣形态，其可能并不是瓣状裂缝，也可能是岩心方向被倒置了，即使服务公司的标记显示还有其他可能。

许多花瓣裂缝仅表现为岩石内部的裂纹，很难看到，特别是在粗糙的岩心外表面上。这些裂纹通常在岩心切面上更为明显，岩心切面沿着花瓣裂缝的走向正常或近似切割即可。岩心切面的花瓣裂缝经常填充有切平和砂磨过程产生的岩粉，可能类似于矿化作用。其他花瓣裂缝则可能使岩石完全破裂，露出未矿化的诱导破裂面。

在取心过程中，重量为10000～15000lb的钻头和钻柱锤击岩石，每次应力事件产生一个裂缝或一对裂缝，在钻头下方形成了花瓣裂缝（Kulander等，1990；Lorenz等，1990）。断裂面延伸遵循钻压在钻头上产生的弯曲应力轨迹。花瓣裂缝可能迅速形成，或者随着钻井液的重量和钻井泵的压力脉冲使钻头下方的岩石破裂而逐渐形成。Lorenz等（1990）认为，钻头和岩石之间的旋转剪切应力可能会改变花瓣裂缝的走向，但后来的观察结果并未证实这一点，花瓣裂缝的走向通常遵循最大原位水平压应力的走向。

在成像测井中被称为花瓣裂缝的所有特征是否与岩心中发现的特征具有相同的构造起源尚不清楚。如果是这样，它们应该在井眼壁上形成向上凹的图案，以补充岩心中发现的向下凹的形态。

由于岩心中的花瓣裂缝走向通常仅有几度的偏差，因此在已知局部应力场的情况下，可以根据附近天然裂缝与花瓣裂缝的夹角来估算其走向。即使不知道应力场方向，也可以使用天然裂缝相对于花瓣裂缝的走向来确定地下天然裂缝的数量以及相对于原地应力的走向。垂直于花瓣裂缝的裂缝也与最大水平压应力方向一致，并且在生产过程中，可能会随着流体从裂缝孔挤出而闭合。与花瓣斜交的裂缝受到强烈的应力作用，并将受到剪切作用。

图3-2-1 岩心中的花瓣裂缝通常形成向下凹的彩虹弧，该弧形在终止前仅切入岩心很短距离（a）。它们也可能向下倾斜，并沿着岩心轴线（b）延伸一小段距离。来自海相灰岩（a）和海相页岩（b）的直径为4in的直井岩心；井孔向上方向朝向两张照片的顶部

图3-2-2 花瓣裂缝可能发生在开裂但完整的岩心中，是间距较大的裂缝。a.岩心是从风积砂岩中精确地切成一半，而不是更常见的1/3—2/3构造，并且层理倾角的突然变化表明将哪一个岩心放入盒子中是不确定的，1号花瓣裂缝与2号花瓣裂缝具有相同的走向，但是二者在核部的重新组合表明它们具有相反的倾角。光滑弯曲的裂缝过渡到更不规则的裂缝，在岩心加工和处理过程中，花瓣的裂缝扩展了，4in直径垂直岩心；b.岩心由白垩切开，沿着花瓣裂缝分开，露出了光滑的、未装饰的、孤立的裂缝面，其向下陡峭倾斜虽然不是花瓣断裂的普遍特征，但仍具有代表性，2in直径直井岩心。井孔向上方向朝向两张照片的顶部

花瓣裂缝也出现在水平岩心中，它们通常在岩心轴线上突然切入，形成一个凹入的井上鞍状（图 3-2-14、图 3-2-15），这是因为钻头上的重物所产生的应力轨迹与上覆应力呈直角，而不是像在垂直井筒中与应力平行。在任何给定的水平岩心中，这些鞍状裂缝都具有一致的取向，花瓣通常位于岩心的高侧和低侧。但是，尚未开展裂缝几何形状与原位应力之间的关系以及裂缝方向的影响方面的研究。鞍状裂缝具有与垂直岩心花瓣裂缝相同的形变特征，具有光滑、羽状或拱梁形表面。

花瓣裂缝和鞍状裂缝遵循由岩心钻头的重量所产生的应力轨迹，而应力轨迹通常会被预先存在的天然断裂面打断。花瓣裂缝的切面可能会与天然裂缝面近乎垂直（图 3-2-16）或近乎平行（图 3-2-17），也可能遵循并利用天然裂缝平面（图 3-2-18）。

许多岩心中包含与花瓣裂缝几何形状相同的一些构造，但实际上并非花瓣裂缝。误导性和虚假的花瓣结构包括从水平岩心中滑出的层理平面，如弯曲柄脚，以及将天然裂缝连接到岩心表面的诱导断裂（图 3-2-19）。

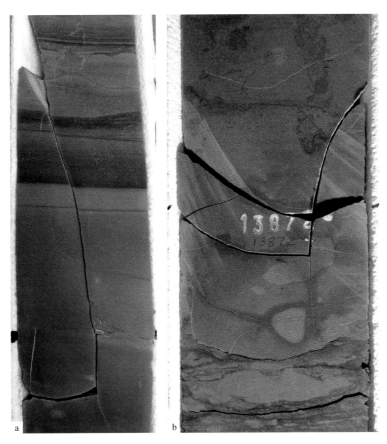

图 3-2-3 海相泥岩岩心中清晰的、向下陡倾的花瓣裂缝（右侧的箭头），而海相粉砂岩中花瓣裂缝较规则（b）。花瓣裂缝通常在均一的岩性中向下终止，该终止点为裂缝的再活动提供了条件。在岩心处理和加工过程中会出现更多不规则的岩心破碎，如这两个实例中的十字形岩心破碎

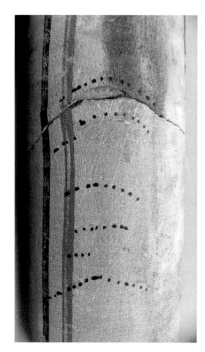

图 3-2-4 花瓣裂缝可能会在岩石中形成细微的、易于忽略的裂纹，只有完全将岩心表面的钻井液冲洗掉并仔细观察后，才能识别出裂缝。岩心上的虚线标记至少勾勒出七个平行的花瓣破裂裂纹。岩心沿着上部裂缝形成的断口而分开，该裂缝横贯整块岩心，可能是搬运过程中形成的。4in 直径的直井岩心；红黑线对表示井孔向上方向朝向照片的顶部

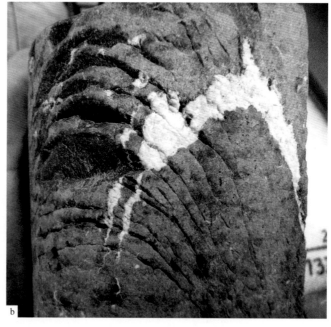

图 3-2-5 一些"花瓣"形成非常密集的裂缝网络造成岩石表面破碎，但又保持岩石相对完整，这归因于花瓣破裂没有完全切开岩心进而造成岩石碎块分离。根据花瓣面与花瓣的角度不同，在这些系统中劈开碎片会将岩穿过上述裂缝的岩心切片则会造成岩心破碎成多个小碎块，尤其是岩心的另一边也被成簇的花瓣裂缝损坏。这些岩心来自不同地区的海相灰岩。a. 岩心上绘制的红线和白线与标准的红—黑线对不同，但也用于指示岩心向上的方向，"井眼右侧为红色"；b. 不规则、方解石矿化充填的天然裂缝，该裂缝与成簇的花瓣裂缝呈 90°，因此，这种天然裂缝的走向必然与现今最大水平压应力呈 90° 夹角。直径为 4in 的直井岩心；井孔向上方向朝向两张照片的顶部

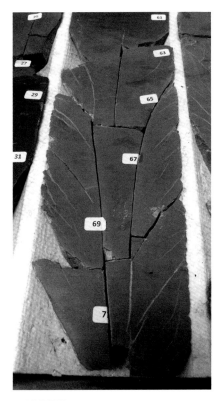

图 3-2-7 许多花瓣裂缝形成具有平行走向和岩心相对侧上的相对倾角的裂缝对。从非海相灰岩—泥岩序列切下的岩心中细微的花瓣裂缝，通过在岩心平板表面绘制的虚线勾勒出轮廓，以突出显示（在平板面上绘制的不可磨灭的线条只能在岩心的对接部分上绘制）。这些花瓣破裂中的白色物质是在平板化和抛光过程中产生的岩粉，而不是矿化充填。如果将平板平面切成与花瓣破裂走向平行，而不是与其呈 90°，则这些裂缝将完全被遗漏。直径为 4in 的直井岩心；井孔向上方向朝向照片的顶部

图 3-2-6 一些成簇的花瓣裂缝系统已经发展到令人惊奇的地步，即在切割过程中，岩心保留了完整性。在海相灰岩中形成的花瓣裂缝中，有一些沿岩心轴线向下延伸，而另一些仅在终止前短距离内延伸到岩心中。尽管中心线裂缝通常起源于花瓣断裂，但一旦中心线形成，任何次生花瓣通常会接近但不相交；最明显的交集是加工过程中产生的核心裂开的结果。直径为 4in 的直井岩心；井孔向上方向朝向照片的顶部

图 3-2-8 如果由钻压引起的应力差很小，那么在非均质地层中的花瓣裂缝表面可能会非常粗糙。石灰岩—页岩层序中这种粗糙的花瓣破裂向下扩展为中心线裂缝，并且是不规则的，但仍然可以通过倾角随深度的增加而识别出来。直井中的 4in 直径岩心；井孔向上方向朝向照片的顶部。服务公司使用红—绿色对而不是更常见的红—黑线对来表示井孔向上/向下方向

图 3-2-9 瓣状裂缝可能装饰有向上凹陷的裂缝扩展阻止线或拱梁，表明裂缝向下增加。在灰质粉砂岩取心时，紧间隔的止动线表明岩心钻速较低。直径为 4in 的直井岩心；井孔向上方向朝向照片的顶部

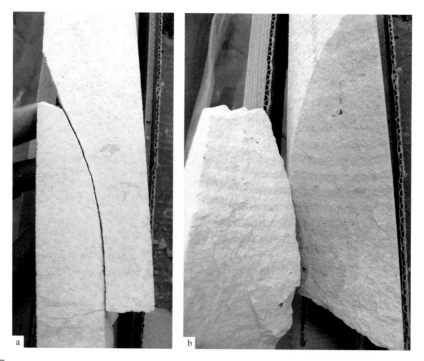

图 3-2-10 白垩花瓣裂缝的两个视图。a. 边缘朝上显示倾角向下增加，正面朝上。间距较大的裂缝表明，裂缝传播的每个增量约为 1cm，并且取心时的穿透率相对较高。垂直截面的四分之一部分，4in 直径岩心；井孔向上方向朝向照片的顶部

图 3-2-11 石灰岩中陡倾花瓣裂缝的两个视角，边缘朝上（a. 显示随深度的增加倾角增大）和正面朝上（b）。轴线平行于岩心轴且发育羽状结构表明裂缝向下扩展。羽状流和不存在止动线表明，在一次压裂事件中，裂缝迅速形成。通过将其相对于太阳光保持低角度，可以增强断裂面的细微分形。直径为 4in 的直井岩心；井孔向上方向朝向照片的顶部

图 3-2-12 花瓣裂缝并不总是形成向下倾斜的结构。如果钻头上的重量相对较小并且水平的原地压应力较高，则花瓣的倾角可能较小，甚至可能横切岩心。a. 从强烈褶皱的背斜切下的灰质强胶结的砂岩岩心的两侧相对成对的花瓣裂缝（箭头）；b. 同一口井的岩心，岩心的一侧有两个低角度、平行的花瓣，深 4ft。将岩心连在一起可以发现所有四个花瓣具有相同的走向。直径为 4in 的直井岩心；井孔向上方向朝向两张照片的顶部

图 3-2-13 从一个致密的细粒灰岩切下的小直径岩心中的花瓣裂缝，间隔非常近，倾角浅。a.岩心一侧形成彩虹和半彩虹的细微裂缝面（岩心的另一侧重复相同的图案，但在岩心的左90°或右90°位置不存在该模式），井孔向上方向朝向照片的顶部；b.同一块岩心的底部向上看的照片，显示了平行走向（黑线），浅倾斜破裂面，井孔向上方向远离观察者。直径为2.5in的直井岩心

图 3-2-14 水平井岩心高低两侧的低振幅瓣状裂缝连接在一起，形成一个表面光滑的鞍状结构。刻在岩心上的两个划线槽表明岩心是定向的（水平井岩心是相对于向上而不是向北定向的）。直径为29/16in的水平井岩心；地层向上方向朝向照片的顶部，井孔向上方向（朝井的后跟）在朝向照片的右侧

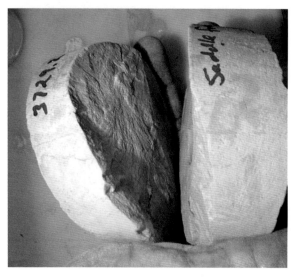

图 3-2-15 水平井岩心中的浅鞍状裂缝来自致密的白垩岩，其特征是始于一个低振幅花瓣尖端的羽状结构。直径为4in的水平井岩心；地层向上方向朝向照片的顶部，井孔向上方向朝向照片的左侧

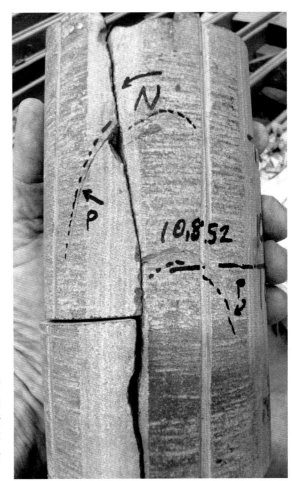

图 3-2-16 与天然裂缝（"N"）呈高角度相交的花瓣裂缝（"P"，与岩心上的黑色虚线相邻），通常在由天然裂缝（上部花瓣断裂）产生的机械间断而不连续，否则它们可能因天然裂缝而终止（下花瓣断裂）。岩心表面被刀划出划痕凹槽。直径为4in的直井岩心；井孔向上方向朝向照片的顶部

图 3-2-17 在来自海相灰岩切割而成的岩心中形成的花瓣裂缝，与红线平行，与方解石矿化充填天然裂缝（"NF"）呈35°，并终止于天然裂缝所提供的不连续面。花瓣裂缝的表面具有类似于白色方解石的片状白色涂层，覆盖了天然裂缝表面，但花瓣裂缝的表面由损坏的岩石组成，仅类似于矿化作用，这在细粒的致密灰岩中很常见。直径为4in的直井岩心；井孔向上方向朝向照片的顶部

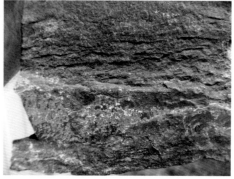

图 3-2-18 来自非海相页岩—石灰岩层序切割的岩心中的天然和诱导复合裂缝系统。B 面和 D 面装饰着水平延伸穿过裂缝面的羽状流，表明它是天然裂缝，在与石灰岩层相交的 C 处的裂缝面上有方解石矿化层的轻涂层。相比之下，表面 A 是未矿化的，向下倾斜的花瓣裂缝与天然裂缝平行，但并未完全接合，如 B 处破碎岩石的台阶所示，井孔向上方向朝向四张照片的顶部

图 3-2-19 花瓣裂缝与其他结构具有相同的形态，不能被错误地认定为花瓣裂缝。记录花瓣断裂的特征的两个视图，不同的是：（1）根据红白线对，它将是倒置的花瓣；（2）在倾斜照明下观看（b），该结构的较平坦部分显示了水平传播的羽状结构和天然裂缝的未矿化但老化的表面。此外，天然裂缝表面与在结构底部将天然裂缝边缘（白色箭头）连接到岩心表面的弯曲弧形唇口形成鲜明对比。岩心平板垂直于天然裂缝走向。直径为 4in 的直井岩心；井孔向上方向朝向照片的顶部

第三节 中心线裂缝

诱导中心线裂缝通常将岩心分成大约一半，并且沿岩心轴可能从数厘米延伸到数米（图3-3-1、图3-3-2）。一些欠压实地层特别容易受到中心线裂缝的影响，岩心中包含多条平行中心线（图3-3-3、图3-3-4），而从其他岩层切下的岩心中这些结构发育欠佳甚至不存在。许多从资源型页岩中切割的岩心都被一个可变连续的中心线裂缝分割，几乎贯穿了岩心的整个长度。

图3-3-1 中心线裂缝发生在所有岩性的岩心中，包括海相页岩（a）和石灰石（b）。它们可以沿着岩心延伸数十英尺，表明它们受到岩心钻头下方的应力控制。中心线裂缝通常呈肋状（a）或表面粗糙（b），而且很少见，以羽状标志向井下扩展。直井的4in岩心（a）和4in岩心平板（b）；井孔向上方向朝向两张照片的顶部

许多中心线裂缝的肋状表面表明其成因源自岩心钻头下方的小型水力裂缝，源于钻井液的重量和钻井泵的压力脉冲传播（图3-3-5、图3-3-6）。实际上，在某些中心线裂缝上发现的断裂在振幅和间距上表现出四倍的周期性，这可能与钻井泵的循环有关（图3-3-7）。其他中心线断裂面具有分形标志，表明在单一的、快速的事件中存在较长的间隔，然后以较短的增量间隔传播（图3-3-8），而一些中心线则是粗糙且高度不规则的（图3-3-9）。

中心线通常起源于花瓣破裂（图3-3-10），实际上，Kulander等（1990年）将花瓣和中心线视为单一的、组合的花瓣中心线结构。但是，研究发现中心线起源于岩心的中部或侧面，可以没有相关的花瓣（图3-3-11），而孤立的花瓣却很常见，并且二者可以形成独立结构。中心线裂缝也可能在未取心井眼中形成，并且可能等同于成像测井记录的钻井引起的裂缝。

正如Kulander等人所指出的，在许多中心线裂缝表面上常见的停止线半径表明，它们应足够大以延伸到岩心半径之外并延伸到井眼壁中。但是，被岩心捕获的中心线裂缝的边缘偶尔会模糊，这表明中心线裂缝的传播边缘没有统一的半径。相反，中心线裂缝的边缘在岩心的边缘突然向上弯曲，从而使其横向尺寸比假设均匀半径的情况要小得多（图3-3-7）。尽管裂缝可能沿着岩心和井眼的等效部分延伸了数英尺，但是延伸到相邻地层中的最大距离不超过数英寸。

中心线裂缝通常在较小的地层边界上被任意切割，这表明传播是由相对较小的岩性、机械性质差异较强的水力驱动的。中心线通常在没有明显原因的情况下终止于岩心（图3-3-12、图3-3-13）。在许多岩心中，中心线裂缝终止于或刚好位于新的花瓣中心线裂缝开始的位置（图3-3-14），这表明新的裂缝承担了应力调节的重任。在其他岩心中，内侧中心线裂缝可能会切穿一系列花瓣破裂，这些花瓣破裂从岩心的一侧或两侧弯曲成切线并平行于中心线，通常在与中心线相交之前终止。其他岩心可被大量花瓣破裂和平行中心线切割（图3-3-3、图3-3-4）。一些中心线在裂缝和其他非均匀性处终止，在断裂面上的扭曲记录了机械非均匀性处的应力条件改变（图3-3-15）。

中心线通常围绕地层中的结核和其他较大的非均质体发生偏离。它们可能距天然裂缝很短或穿过天然裂缝（图3-3-16至图3-3-18），但是中心线裂缝的扩展似乎更多地取决于地层中的应力各向异性，而不是由小型矿化裂缝所提供的力学非均质性。然而，中心线在包含天然裂缝、开放孔径的岩心中并不常见，这些裂缝促使带动中心线破裂的流体和压力转移。

定向岩心表明，裂缝中心线平行于最大水平压应力，这与水力裂缝的预期一致。与花瓣裂缝一样，它们为记录岩心中的近似天然裂缝走向提供了重要的方向参考。如果原地应力方位已知，则反映的是天然裂缝或者与天然裂缝彼此相关的真实走向；如果应力方位未知，则为原地应力方向。

一种相对罕见的诱导中心线断裂形式是散布的、不规则的垂直延伸结构，大致平行于直井岩心的轴线（图 3-3-19、图 3-3-20）。裂缝可能沿着岩心不完全分离。但是，如果岩心故意沿着这些裂缝开裂，则高度不规则的裂缝面将表现为新鲜破碎的岩块（图 3-3-21）。

在 121ft 长的岩心下部 30ft 处发现了该类裂缝的例子。用仅 120ft 长的岩心筒切割岩心，该筒比岩心短 1ft。当岩心多余的部分被压入钻筒底部时，钻柱的一些重量由岩心支撑，在岩心筒顶部达到距离极限。

所产生的平行于岩心轴的压应力使岩心变成了大规模的实验样品，类似于 Griggs 和 Handin（1960）或 Wawersik 和 Fairhurst（1970）在 1in 直径的圆柱形岩石样品上展示的实验结果，形成了延伸裂缝。除了钻井液的流体压力外，岩心不受侧向约束，因此在平行于岩心轴的载荷作用下，岩心侧向膨胀。这些裂缝可能与后文所述的带有弯曲走向的诱导裂缝有关。

岩心的最低部分在被扭曲时被垂直压碎，形成独特的由螺旋扭矩断裂组成的碎石。

图 3-3-2 海相灰质页岩岩心的中心线裂缝具有起伏但接近垂直的倾角，并将岩心分成大约四分之一或四分之三的部分，而不是一半。从这口井中得到了 180ft 的岩心，其中 90% 的岩心被四个平行的长中线裂缝分开了。四个连续的中心线裂缝中的每一个都是从位于上覆中心线末端正下方的花瓣延伸开始的。直径为 4in 的直井岩心；井孔向上方向远离观察者

图 3-3-3 从海相粉砂岩切出的岩心中形成了三个平行的中心线裂缝（箭头），将岩心切成板状平板。具有这种多中心线断裂几何形状的截面沿岩心延伸长达10ft。沿长度方向锯开后，有光泽的金属薄片会残留在岩心筒中，以使岩心从筒中脱落。直径为4in的直井岩心；井孔向上方向朝向照片的顶部

图 3-3-4 从海相粗粒灰岩切割的岩心段中出现了8条平行的中心线裂缝（编号）。与直径4in的岩心垂直对接；井孔向上方向朝向照片的顶部

图 3-3-5 某些中心线上的曲率半径较小，表明横向范围有限。从海相页岩切下的岩心中的小半径裂缝可能没有延伸到井眼壁。岩心捕获了裂缝的右边缘（红色括号）。裂缝的传播从岩心上半部的以肋骨为标志的渐进式跃升至照片底部附近的较脆性岩层中以羽状流为标志快速传播，然后恢复到以照片底部的黏土质页岩为标志的渐进式肋状扩展。直径为4in的直井岩心；井孔向上方向朝向照片的顶部

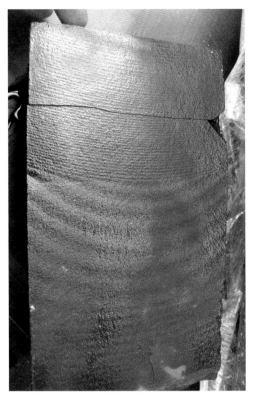

图 3-3-6 在海相灰质页岩岩心中，裂缝中心线面上的不同肋间距和曲率半径记录了三种不同岩性的裂缝扩展率。在岩心外表面可见的层理面与岩脉间距的变化有关，但造成这种变化的黏土和碳酸盐含量的细微差异无法直观地测量。直径为 4in 的直井岩心，井孔向上方向朝向照片的顶部

图 3-3-7 从海相泥质页岩切割而来，清晰地捕获了中心线裂缝的侧边缘，如裂缝的突然隆起和隆起左侧的未破裂的岩石所示。中心线裂缝非常狭窄的特性如岩石的尖峰所示，这些岩石不间断地延伸穿过靠近照片底部的裂缝平面。裂缝呈循环状，包含一系列的小裂缝，通常为三个，被大裂缝和平坦区域隔开，这可能与钻机底板上钻井泵冲程的四倍周期性有关。直径为 4in 的直井岩心，右边缘为斜面；井孔向上方向朝向两张照片的顶部

图 3-3-8　a. 以羽状结构为标志的中心线裂缝面表明裂缝在岩心的这段区域内迅速扩展。部分中心线源自岩心顶部所示的弯曲的裂缝停止点；b. 中心线裂缝也可能很粗糙且没有修饰，或者可能带有向上凹的肋骨 / 止动线标记，表明增加的裂缝传播可能与钻井泵的脉动有关，这可以有效地增加钻头表面的钻井液密度产生的重量。请注意，在将钻头推入岩心筒时，由于钻头围绕破裂的岩心旋转而导致岩心的右边缘破损；这表明裂缝在钻头前传播。当顺时针旋转的钻头在拉力作用下被拉动时，右边缘被岩心边缘剥落而碎裂，而旋转钻头在受压状态下作用在岩石上的左边缘则未被剥落（据 Kulander 等，1990）。直径为 4in 的直井岩心；井孔向上方向朝向两张照片的顶部

图 3-3-9　一些中心线裂缝，特别是在泥质页岩中，可能会非常不规则。该中心线裂缝位于取自海相泥质页岩切割而成的岩心中，沿着岩心中部徘徊，并且不会因微小的岩性变化而发生偏转。锯齿形，逐步传播，表明地层上覆应力与钻头重应力不太吻合。直径为 4in 的直井岩心；井孔向上方向朝向照片的顶部

图 3-3-10　取自海相硅质页岩切割的岩心，中心曲线裂缝（红色箭头）从弯曲的花瓣裂缝延伸至井下，而较小的花瓣裂缝（白色箭头）未延伸至中心线。直径为 4in 的直井岩心；井孔向上方向朝向观察者的右上方

图 3-3-11 一些中心线断裂不是源自花瓣裂缝，而是源自岩心中心的一侧。从两种不同的海相灰质页岩地层切割而来的岩心中，显示出较宽的断裂痕迹，记录了从岩心左侧到岩心核部的传播，然后沿着岩心轴向下延伸了一段较短距离。两条裂缝都在井下延伸了数英尺，低于照片所示的间隔。直井的 4in 直径岩心；井孔向上方向朝向位于两张照片的顶部

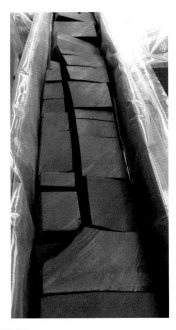

图 3-3-12 中心线裂缝可能在均质岩性中无明显原因终止于井下。如果对岩心进行了粗略的处理，岩石可能会在裂缝终止处破裂，像在该海相页岩中，突然转向岩心表面。直径为 4in 的直井岩心；井孔向上方向朝向照片的顶部

图 3-3-13 该中心线断裂面上的肋状裂缝表明，其短距离传播到了细粒灰岩中，并在弯曲的止动线处终止于均质岩石中。肋状裂缝下方岩石中的半平面灰色表面是岩心处理过程中产生的中心线裂缝的新的、诱发的延伸

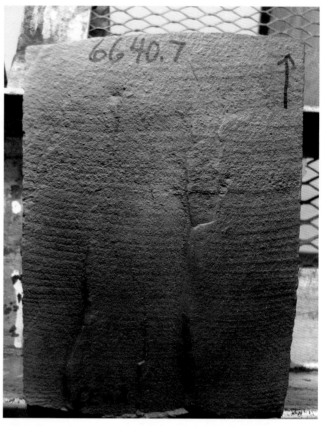

图 3-3-14 在海相泥质灰岩岩心切口中，不规则的中心线裂缝终止在均匀的岩性中，其深度与另一条不规则瓣状裂缝从岩心右侧切口切割的深度相同。这是一种常见的分布，表明不需要两个裂缝来适应系统中的应变。直径为 4in 的直井岩心；井孔向上方向朝向照片的顶部

图 3-3-15 取自海相硅质页岩切下的岩心，中心线裂缝终止于照片的底部（"端部"），岩性发生重大变化后，断裂成扭曲的锯齿，每个锯齿都有自己的一组断裂标记。直径为 4in 的直井岩心截面；井孔向上方向朝向照片的顶部

图 3-3-16 中心线裂缝（"CL"）倾斜于较小的矿化充填天然裂缝（"N"），可能会被天然裂缝偏转或与之相互作用。a. 中心线从非海相砂岩岩心上穿过了两个方解石矿化裂缝，而没有相交；b. 中心线从非海相泥质粉砂岩中以较低的倾斜角斜交岩心中的某一天然裂缝，但没有形成岩石中可能的弱化面。直径为 4in 的直井岩心；井孔向上方向远离观察者

图 3-3-17 从海相灰岩切割的岩心的中心线裂缝（与红线平行的表面）在方解石矿化的狭窄天然裂缝（沿白色虚线）处偏移。中心线裂缝向井底传播，远离观察者，并沿着倾斜的天然裂缝延伸了仅数毫米的距离，这表明该天然裂缝是岩石中的一个脆弱平面，但是应力是控制裂缝方向的主要参数，而不是天然裂缝。直径为 4in 的直井岩心截面；"带圆圈—点"表示井孔向上方向朝向观察者

图 3-3-18 即使近乎平行、矿化程度差的天然裂缝也可能无法控制中心线裂缝在任何远距离上的传播。从海相灰质页岩切下的岩心在上半部分出现中心线裂缝，该裂缝传播到照片中部并借助于未矿化的、表面光滑的天然裂缝。即使两个裂缝之间只有 5° 的差异，中心线裂缝也会从天然裂缝中迅速发育，并继续沿岩心轴线传播。括号内的区域表示重叠区域，中心线裂缝与天然裂缝的相互作用最小。直径为 4in 的直井岩心；井孔向上方向朝向照片的顶部

图 3-3-19 一种短的、分散的、不规则的、大角度（垂直）的引导性伸展裂缝。似乎是矿化的岩粉夹在裂缝中。直径为 4in 的直井岩心；井孔向上方向朝向照片的顶部

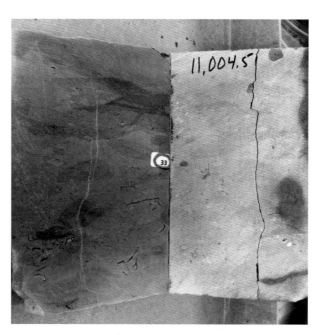

图 3-3-20 直径为 4in 的直井岩心的平板（左）和对接（右），显示出不规则的大角度诱导延伸裂缝。裂缝只是完好的岩心上的裂纹，在对接块被故意破裂开以进行细致观察（见下个岩心照片）。井孔向上方向朝向照片的顶部

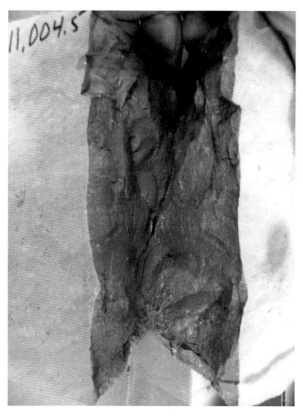

图 3-3-21 诱导延伸裂纹的高度不规则且新鲜的表面。直径 4in 的直井岩心；井孔向上方向朝向照片的顶部

第四节 盘状裂缝

诱导盘状裂缝在采矿业中早已得到应用，在硬岩矿山的壁上切出的短而小直径的岩心中得到了很好的研究，并且相关文献对它们的可能成因进行了许多讨论（Obert 和 Stephenson，1965）。在从油气井切下的许多岩心中，盘状裂缝也很常见，通常沿岩心以规则的间隔出现。该间隔很短，将其分成规则的多个切片，厚度从数厘米到数十厘米不等（图 3-4-1、图 3-4-2）。

几种机制可能会形成重复的岩心法向裂缝，而且无法准确判断哪种机制或哪一套机制适用于给定的一组盘状裂缝。尽管存在离散的盘状裂缝类别，但似乎存在一系列诱导裂缝，大概是从盘状裂缝到鞍状裂缝的机制。此外，扭矩压裂技术也可能与某些类型的压裂技术存在重叠。一些被认为可以解释垂直于岩心长轴方向的重复性裂缝的机制包括：

（1）由于岩心钻头的重量和 / 或钻井液的重量，取心期间在井眼底部集中的应力（Li 和 Schmitt，1998）；

（2）岩心脱离覆岩重量后的垂直松弛和延伸，在泥质岩石中由于沿顺层的软弱面而增强；

图 3-4-1 盘状裂缝将岩心切成"扑克筹码"或"圆柱"（术语取决于间距和贴标者的爱好），在从层状页岩切下的岩心中尤为常见。从海相硅质页岩切下的该岩心中平行层面的盘状裂缝平均间距为数厘米；可能为诱导裂缝，但是不能根据该图来确定。具有盘形几何形状的天然裂缝和诱导裂缝之间的区别应基于以下特征，包括分形、相关年代的指示和结构背景。直径为 4in 的直井岩心；井孔向上方向朝向照片的右侧

（3）由于岩心的脱水（特别是在泥质页岩中）而产生的崩解（循环润湿和干燥过程中岩石的解体；图3-4-3）；

（4）岩心筒的弯曲，导致岩心在筒内有规律地正常断开；

（5）从地下快速取回岩心的过程中，气体膨胀，随着岩心中的气体压力释放导致岩心沿着层理面分离；

（6）剪切特征，如具有不对称阶梯状和线性表面的重复性出现的标准岩心裂缝（Obert 和 Stephenson，1965；图3-4-4、图3-4-5）；

（7）由于将一个岩心段相对于另一岩心段旋转而产生规则的间隔，形成的旋转剪切。

岩心中的羽状结构等特征表明，最常见的盘状裂缝是在岩心切割后延伸过程中形成的（图3-4-6至图3-4-12）。类似地，盘状裂缝和外岩心表面相交处的唇缘或小尖峰（图3-4-7、图3-4-8、图3-4-10、图3-4-12、图3-4-13）以及弯曲成与外岩心表面垂直的羽流图案证实盘片时存在游离的岩心表面（图3-4-9、图3-4-12）。与天然裂缝、诱导的中心线裂缝和瓣状裂缝的接触关系也表明，这种类型的伸展盘状裂缝比上述构造形成时间更晚。原位地应力伴生的羽状轴（图3-4-8）以及钻井液未固结时侵入到盘状裂缝边缘中形成的泥浆臂（图3-4-7、图3-4-14）表明一些盘状裂缝是在岩心被切割"不久"之后的某个时间形成的。

一些盘状裂缝，通常是在层序差的粉砂质泥岩中切割的岩心中发现的，以复合构造的形式出现，由较老的岩心法向面和较年轻的、叠加的锥形环状构造组成（图3-4-15、图3-4-16）。圆锥可以向上凹或向下凹，如果仅在二维平面上观察，则它们表现为岩石楔形。其他的盘状裂缝包括岩心垂直裂缝都不能在裂缝平面上将岩石完全分开（图3-4-17至图3-4-19）。

如果仅用几何学定义，"圆盘"就涵盖了将岩心破碎成短圆柱体的岩心正常裂缝，这种情况在直井岩心和水平井岩心中均会发生。垂直膨胀及相关的裂缝也发生在斜井和水平井岩心中，形成类似的水平延伸裂缝并具有类似的羽状结构和唇边。但是，由于岩心段平行于岩心轴而不是穿过岩心轴，因此裂缝不是盘状的。在机械角度上（如果不是几何形状的话），可以将盘状裂缝的定义扩展到包括从斜井和水平井切割的岩心中的非盘状裂缝（图3-4-20、图3-4-21）。实际上，一些水平井岩心既包含由钻头应力产生的垂直/岩心法向诱导盘状裂缝，也包含因岩石上的垂直应力释放而产生的水平延伸盘状裂缝。与其他诱导裂缝类型一样，盘状裂缝可能源自天然裂缝或借助天然裂缝提供的弱化面（图3-4-22）。

诱导的盘状裂缝不提供有关储层渗透率的信息，在记录岩心时必须予以识别，使它们不包含在储层裂缝控制流体的概念或定量模型中。直井岩心中的许多水平盘状裂缝被错误地解释为天然裂缝。

图3-4-2 大多数的盘状裂缝都是在中心线裂缝形成之后产生的，在海相灰岩岩心切口的中心线裂缝上，大量的盘状压裂终止。岩心中的矩形空隙是由于沿岩心的圆盘段位置不同而导致的。刚从铝制岩心筒的半边切下并将其固定。直径为4in的直井岩心；井孔向上方向远离观察者

图3-4-3 许多泥质页岩岩心从地层上切下后，由于发育良好的平行、近平行和斜交地层的盘状裂缝而严重破裂，这些岩心也是从海相页岩—石灰岩互层（a）和灰质页岩（b）地层切下的。岩心切割后数天、数周甚至数月，盘状裂缝可能继续形成，这使试图获取裂缝数的测井仪无法精准获取数据，表明在某些类型的盘状压裂中，垂直覆岩应力释放后的脱水和岩心松弛都起了作用。直径为4in的直井岩心；井孔向上方向朝向照片的顶部

a

b

图3-4-4 在某些岩心中，正常盘状裂缝上的不对称阶梯状表面和线条（最常见于由强灰质砂岩和致密的细粒碳酸盐岩切取的岩心中）支持一些在剪切作用下可能形成盘状裂缝的观点（Obert 和 Stephenson，1965），尽管其机理尚不清楚，并且它们与天然的、平行于层理的剪切裂缝之间的区别并不总是很明显。这些表面上的线条趋向于与相关的花瓣裂缝的走向平行，并且阶跃趋向于垂直，这表明阶跃和线条受原位最大水平压应力控制，并且在某些的情况下可以用作一致的岩心定向参考。一系列紧密间隔、平行的水平面上的裂缝，而且该平面发生在脆性均匀的岩性中，而不是沿着机械弱化面（例如黏土分型）发生，这表明其为诱导裂缝而不是天然裂缝（平行于层理），弯曲滑动的剪切平面。直井的直径 2.5in 岩心；井孔向上方向远离观察者

图3-4-5 a.致密灰岩中，岩心—法向裂缝上具有分散的不对称台阶的线性模式，类似于在石英岩中发现的阶梯状盘状裂缝中更具确定性的阶梯状表面，井孔向上方向朝向图的顶部；b.井孔向上方向远离观察者。直径为 4in 的直井岩心；红色箭头指向这两张照片的相关点

图 3-4-6 细粒岩性（尤其是页岩）中的盘状裂缝面通常以细羽毛结构为特征，这种细羽毛结构来自岩石中的某些不均匀性，例如化石或固结物。在这样的泥质页岩中，只需在断口表面轻轻擦一下手指，即可增强羽状流。与来自较大的天然裂缝的羽状结构形成的较宽辐射结构相比，该羽状结构的曲率半径与岩心径相对应。直径为 4in 的直井岩心；井孔向上方向朝向观察者

图 3-4-7 倾斜的灯光也可以突出显示羽状结构。Kulander 等（1990）指出，盘状羽状结构的传播轴，例如从海相灰质页岩上切下的岩心上标记的虚线突出的轴，通常记录了最大水平挤压原位应力的方向。在坚硬的岩石中或在应力差较高的地方，羽状轴线应更明显。在两个水平应力几乎相等的、更具延展性、富含黏土的页岩中，可以预期得到更低的差异甚至均匀的应力，以及更少的双轴径向传播。圆盘边缘上的唇缘在岩心表面处断裂，表明圆盘平面与岩心自由表面之间的相互作用，以及圆盘是在岩心被切割后形成的。靠近岩心表面的钻井液侵入边缘，这表明岩心上的钻井液涂层在剥落时仍然是湿的、可移动的。直径为 4in 的直井岩心；井孔向上方向朝向观察者

图 3-4-8 圆盘上的大多数羽状结构的范围有限，这一特征是在海相灰质页岩中切取岩心形成的。羽状向断裂面较粗糙部分过渡表明岩心被切割后形成盘状结构，同样的模式也表明圆盘发生在中心线裂缝（照片顶部靠近 ⊗ 的平面）形成之后。地层中的最大水平主应力方向，由羽流轴向（大约沿着岩心上标记的虚线）和中心线裂缝的走向确定，几乎平行。正如 Kulander 等（1990）所预期的那样，圆盘羽轴受限于最大的原位水平主应力方向。直径为 4in 的直井岩心截面；井口远离观察者

图3-4-9 盘状裂缝的羽状结构通常会散布在整个裂缝面上,因此羽状结构几乎以直角与岩心表面相交,表明岩心表面在压裂时已存在。来自海相页岩中充满黄铁矿的褶皱状裂缝,沿反映原地应力的线性趋势在岩心中部传播,但随后放射出去,以自由角度与自由岩心表面相交。岩心表面边缘也表明压裂时存在自由表面,钻井液的侵入边缘表明裂缝形成得较早,而钻井液仍是湿的、可移动的。直径为4in的直井岩心;井孔向上方向远离观察者

图3-4-10 一些羽状结构记录了在近似各向同性的水平应力条件下的裂缝扩展情况。盘状裂缝上的羽状结构位于从硅质页岩切下的岩心中,早期为鱼鳞化石大小,并以近乎径向的方式传播到岩心边缘,在岩心的自由表面形成了一个边缘。不规则的阴影是由于需要突出倾斜断口的倾斜照明。直径为4in的直井岩心;井孔向上方向朝向观察者

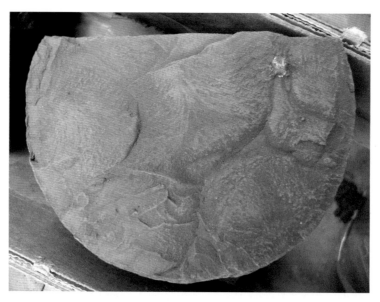

图3-4-11 羽状结构表明,一些盘状裂缝(海相泥质页岩中的盘状裂缝)是由多个较小的裂缝面的合并形成的。用手指轻轻擦拭裂缝面即可突出显示羽状结构,过度摩擦会破坏细微的形貌。直径为4in的直井岩心;井孔向上方向朝向观察者

图3-4-12 海相灰岩—页岩序列中一个细微的盘状裂缝的三幅图（箭头处），一个显示出岩心边缘—唇边、一个为沿着岩心外表面的弯曲羽轴以及与中心裂缝（"CL"）相邻的模糊地带，表明在切割岩心和形成中心线裂缝之后出现了盘状裂缝。为了进行关联，a 和 c 中的红色箭头指向裂缝表面上相同的钩形划痕。直径为 4in 的直井岩心；a 和 b. 井孔向上方向朝向照片的顶部；c. 井孔向上方向朝向观察者

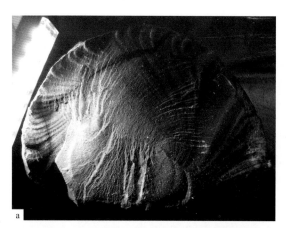

图 3-4-14 钻井液侵入了岩心表面附近形成的圈状圆盘破裂孔。这是在岩心切割的早期发生的，当时钻井液是液态的，并且在它变干之前，这表明穿过整个盘状裂缝的岩心是不完全分离的，初始裂缝仅以岩石中的狭窄裂缝存在。直径为 4in 的直井岩心；井孔向上方向朝向观察者

图 3-4-13 羽状结构记录了快速的裂缝扩展，一些盘状裂缝逐渐形成，肋痕记录了正好在岩心表面到内部的循环和圆形裂缝扩展。a. 从石灰岩切下的直井岩心，井孔向上方向朝向观察者；b. 从马利页岩切下的水平井岩心，有许多肋骨状的正常岩心盘状裂缝，肋骨通常起源于岩心区的一侧或两侧，并向上生长，但偶尔也会向下生长，井孔向上方向朝向观察者。裂缝表面的下半部分是刚破碎的岩石。在后文与扭矩相关的断裂表面以及开始类似于肋状花瓣断裂的鞍状盘表面上有时会发现类似的肋骨盘。直径为 4in 的岩心

图 3-4-15 圆锥形盘状裂缝，从海相灰质页岩切开的岩心，可能向上凹或向下凹。Ron Nelson 提出了圆锥形裂缝的几种可能起源，包括岩心筒弯曲

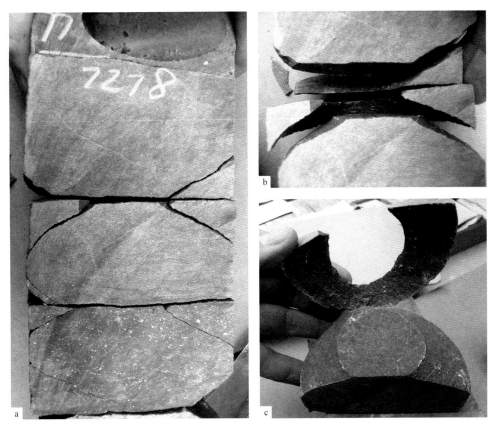

图 3-4-16 圆锥可能是单独出现的，也可能会叠加在盘状裂缝上，从 Shaley 海相灰岩切割的岩心的三个视图。三维圆锥可能与碎裂和脱水引起的岩心解体有关。垂直的 4in 直井岩心；a 和 b. 井孔向上方向朝向照片的顶部；c. 井孔向上方向朝向观察者

图 3-4-17 水平井岩心中的某些常规裂缝并未完全切开整个岩心，如从粉晶质白云岩切下的岩心裂缝附近绘制的铅笔线所示。这些裂缝可能是由于取心期间井眼底部钻头—岩石界面处的高应力而形成的。直径为 3in 水平井岩心；地层向上方向朝向照片的顶部，井孔向上方向朝向照片的左侧

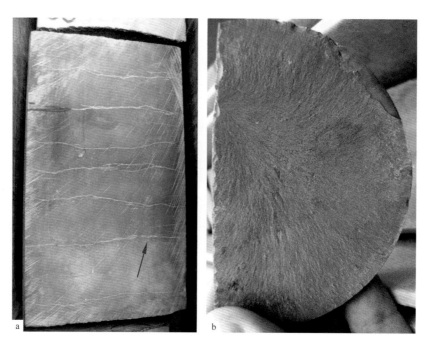

图 3-4-18　许多盘状裂缝并没有完全分开岩心，而是保留在完整的岩石中，这些裂缝可能被钻井液或切板和砂磨过程中产生的假矿化的岩粉充填。除非检查了岩心裂缝表面，否则可能将其误认为是天然裂缝。从海相页岩中切取的岩心，为了检查断裂面，有意沿着箭头所示的裂纹打开了左侧的岩心对接点，从而显露出诱导盘状裂缝的典型岩心约束羽状结构。直径为 4in 的直井岩心；a. 井孔向上方向朝向照片的顶部；b. 井孔向上方向朝向观察者

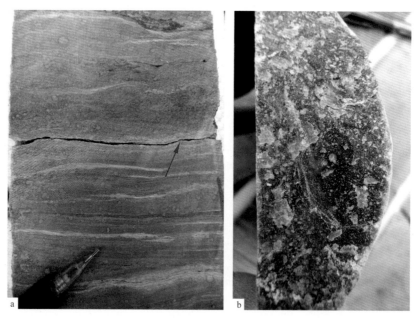

图 3-4-19　盘状裂缝的两个视图；在页岩岩性中的盘状裂缝上容易形成的羽状结构通常不会在某些岩性中形成，例如图中所示的硬石膏。在这些岩性中，很难区分盘状裂缝和沿顺层弱化面的破裂。直井的 4in 直径岩心。a. 井孔向上方向朝向照片的顶部；b. 井孔向上方向朝向观察者。箭头指示 b 中所示的表面

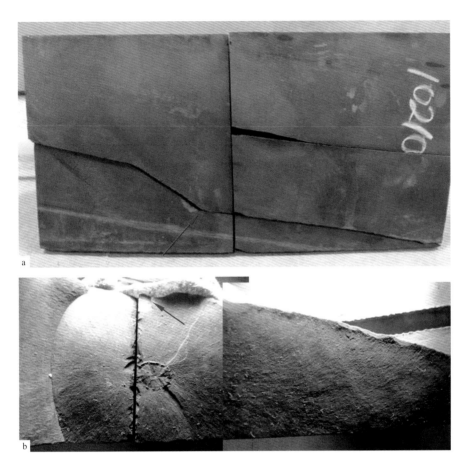

图 3-4-20 与地层平行的盘状裂缝也可能在水平井岩心中形成，具有相似的特征，并且可能是具有相同的成因机理（从盖层的重量中释放出来）。来自海相页岩的近水平岩心将岩层向下缩减至与地层呈 10°～12°（a 中左下方的浅层地层条纹）。a.靠近岩心下侧的扭折平面由两个盘状裂缝组成，这些断裂通过岩心中的倾斜裂缝连接在一起，地层向上方向朝向照片的顶部；b.化石和羽状断裂显示下盘断裂的起源，以及盘状断裂与岩心表面交界处的唇缘，地层向上方向朝向观察者。羽状流与板状表面之间缺乏相似的相互作用，表明切板之前就发生了盘状现象。箭头指出了向左裂缝扩展的极限。直径为 4in 的水平井岩心；井孔向上方向朝向两张照片的右侧

图 3-4-21 取自水平井岩心、与地层平行的盘状断裂，照片中显示的以直角方向辐射并与岩心边缘相遇的羽状结构以及盘状裂缝与岩心表面交界处的相互作用边缘，都表明盘状构造是切割完岩心后形成的。直径为 4in 的水平井岩心；地层向上方向远离观察者，井孔向上方向朝向照片的右侧

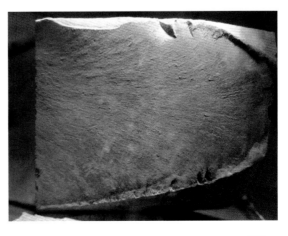

图 3-4-22 在岩心钻头和地层的界面处会出现明显的应力集中（据 Li 和 Schmitt，1998），并且如果应力方向正确且幅度足够大，无论层理如何都可能形成诱导裂缝，垂直于岩心轴。如从硅质页岩切下的水平井岩心所示，这在直井岩心和水平井岩心中均会发生。岩心高处的天然裂缝（照片顶部）被限制在薄的硅质层中，并沿岩心轴倾斜地切割。诱导裂缝具有复杂的羽状和肋状花纹，与天然裂缝呈30°，垂直于核心轴线。直径为 4in 的水平井岩心；岩心的上段位于照片的顶部，井口朝向观察者

第五节　划线裂缝

当取心筒底部定向靴中的三角形钢划刀切入岩心表面过深时，会在定向岩心中形成划线裂缝。当岩心进入取心筒时，这一现象发生在井眼底部。理想情况下，划刀应仅在岩心表面刻画，但一把或多把划刀可能会以足够大的力量楔入岩心中，从而划伤岩心形成一系列线性小剥落（图 3-5-1），甚至可能导致岩心裂开，产生不规则裂缝（图 3-5-2 至图 3-5-4；Lorenz 等，1990）。

倘若仅在取心筒壁切开裂缝面的地方进行观察，这类裂缝可能与天然裂缝相似，但它们通常由不规则和未矿化的新破裂面组成。如果追溯这些裂缝的起始部位到划线处，则很容易与天然裂缝区分开。重要的是要认识到，与所有其他类型的诱导裂缝一样，取心过程中的岩石粉末和钻井液可能会进入裂缝中，形成假矿化。

大多数划线裂缝从岩心表面向中心传播（图 3-5-5），因而无法为岩心分析提供有用信息。然而，在原位应力各向异性较大的情况下，划线裂缝可能平行于最大水平压应力传播方向。与花瓣裂缝提供的应力参考方向相似，划线裂缝也能够提供不太可靠的方向参考信息（Lorenz 等，1990）。

许多公司在一些地层中通常不会采用定向取心，因为划线刀会损坏岩心，可能会造成岩心堵塞和岩心收获长度不够。一些其他公司在所有岩心钻取过程中使用划线刀且取得成功，无论最终是否定向，均为岩心提供重要的定向信息。

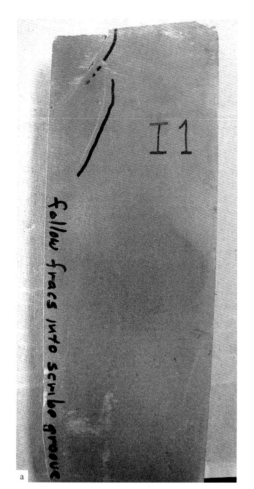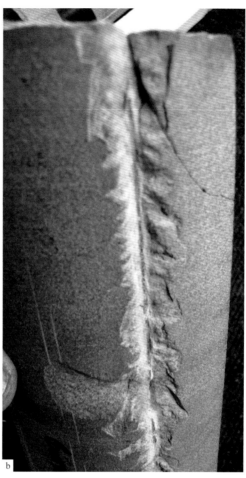

图 3-5-1 包含划线裂缝的岩心的两个视图。a. 与岩心上画的黑线相邻的两条不规则裂缝暴露在板平面上；b. 该裂缝从同一块砂岩岩心中板背面严重划痕的划痕槽中扩散，划线裂缝可以追溯到岩心末端并回溯到划痕槽。直径为 4in 的直井岩心；井孔向上方向朝向两张图的顶部

图 3-5-2 一条不规则的划线裂缝，可以沿着强胶结砂岩中切出的岩心长度追踪数英尺。裂缝起源于划线槽。直径为 4in 的直井岩心；井孔向上方向朝向照片的左侧

图3-5-3 取自石灰岩地层的岩心外表面上的划痕槽（黑箭头）产生的划线裂缝（红色箭头）的三幅图。a.断口闭合的岩心，在岩心表面有划痕，井孔向上方向远离观察者；b.岩心沿裂缝略微张开，井孔向上方向远离观察者；c.裂缝面，沿着划痕槽显示出不规则性，随着断裂延伸到岩心中，该不平整面变得更加平坦，板面以低斜角将其切开，井孔向上方向朝向照片的顶部。直径为3in的垂直岩心

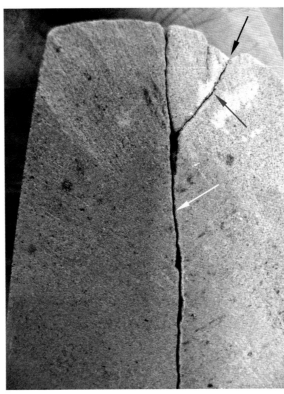

图 3-5-4 由损坏的划线槽（黑色箭头）引起的不规则划线裂缝（红色箭头）的两个视图。划线裂缝传播到岩心中与岩心表面垂直，并在天然裂缝处相交终止（黄色箭头）

图 3-5-5 两条划线裂缝是从小直径强胶结砂岩岩心的不同侧面的划痕线传播而来的，它们在岩心的中心附近会合连接。直径为 2.5in 的直井岩心。井孔向上方向远离观察者

第六节 扭矩裂缝和螺旋扭曲裂缝

当钻柱从地面的方钻杆工作台或类似的传动装置旋转时，钻头和外取心筒向右旋转（井下顺时针方向），转速约为每分钟 60 转。工具中的轴承将旋转的岩心钻头和外部钻头筒与固定的内部岩心钻头筒（如果使用的话）从岩心划线座处分开。尚未与钻头下方的地层分离的岩心在切割并进入岩心筒时不会随钻柱旋转。

该系统非常好，但并不完美，取心工具的静止部分在系统中被摩擦并顺时针拖动，通常很慢，每英尺的岩心进尺旋转几度。但如果取心工具中的轴承磨损或受到污染，内筒可以更快地旋转，将扭矩传递给筒内的岩心，并在筒内的岩心和仍然附着在地层上的岩心之间设置旋转剪应力，造成心围绕其纵轴扭曲。该旋转由定向岩心上划线槽中螺旋线的变化程度记录，但在切割未定向岩心时也会发生。

当通过岩心法向旋转剪切面消除扭转应力时，沿着岩心会形成剥离，在岩心的静止和旋转部分之间可能会形成裂缝。当两个岩心部分不相互连续旋转时，形成了典型的螺旋裂缝面并围绕岩心轴旋转（图3-6-1至图3-6-3）。一些浅倾角扭矩裂缝的羽状构造和唇状构造与许多盘状裂缝的裂缝纹相似（图3-6-4），表明二者之间存在成因关系，某些类型

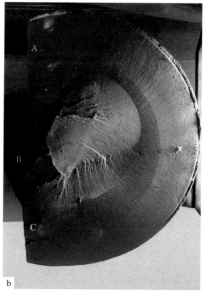

图 3-6-1 海相页岩岩心内的低角度斜螺旋扭曲裂缝的两幅图，分别位于同一块岩心的对接面（a）和端部（b）。扭曲使岩心破裂，但并没有继续使顶部岩心块与底部岩心旋转，这会在岩心轴线法向剪切面上形成带有圆形图案标记的剥离平面。扭曲产生的螺旋平面以低角度从 A 绕着岩心圆周向上爬到 C 圆周。随后，岩心沿着倾斜平面 B 断裂以连接螺旋线的高侧和低侧。岩心边缘表明扭曲裂缝形成于岩心切割后。直径为 4in 的直井岩心；a. 井孔向上方向朝向照片的顶部；b. 井孔向上方向朝向观察者

的盘状裂缝和扭矩裂缝属于诱导裂缝的一部分。

其他扭矩裂缝下降幅度相当大（图 3-6-5、图 3-6-6），在岩心中形成孤立的螺旋面。通过扭转一根粉笔，也可以形成类似的螺旋断裂面（这个实验的难点是紧紧握住粉笔的两端，以施加足够大的扭矩来打破它）。

如果在岩心的受扭区域上有很大的重量，可能是由于岩心在其上方的筒中柱子较高，或者有时是由于筒中的岩心被卡住，则可能会形成由许多螺旋形断裂平面组成的剪切区（图 3-6-7、图 3-6-8）。有个典型的例子，当司钻忘记了所钻深度时，无意中试图将 32ft 的岩心推入 30ft 的取心筒中。结果，当岩心回收时，岩心底部长约 4ft 的部分呈非常典型的螺旋碎片模式破碎。当从筒中取出时，这些碎片像松果一样，迅速散开（图 3-6-9）。

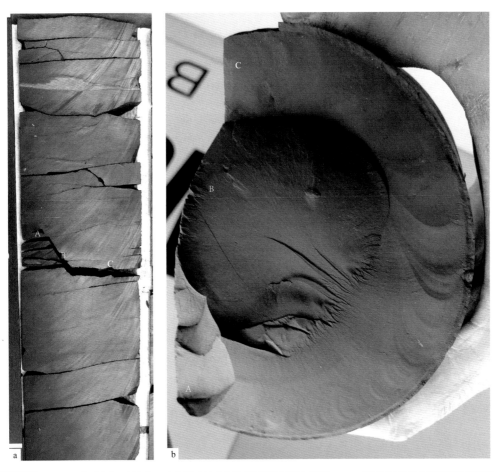

图 3-6-2 取自泥质页岩切开的岩心中螺旋扭矩诱发断裂面的两个视图。a. 二维岩板表面上圆形斜面裂缝，当该表面绕岩心螺旋式旋转时，将其切割为 A 和 C 级，螺旋平面以较小的角度倾斜，并且两侧通过岩石在平面 B 处的倾斜断裂而跨过岩心，并孔向上方向朝向照片的顶部；b. 相同的裂缝，从顶面俯视图的等效对接部分，右上角在断裂面上的细微肋状构造表示在岩心边缘附近逐渐增加的裂缝扩展以及岩心切割后螺旋的形成。它们与前文所述的某些盘状裂缝中发现的肋骨非常相似，表明盘状裂缝和扭矩裂缝组成的裂缝形式谱具有一定的连续性。直径为 4in 的直井岩心

图 3-6-3 一种不确定的扭矩断裂面，该断裂面几乎是水平的并且垂直于从页岩切下的岩心轴线，但是显示出类似的断裂面，在岩心表面的边缘形成带肋的唇边。直径为 3in 的直井岩心；井孔向上方向朝向照片的顶部

图 3-6-4 粉砂质页岩中的扭矩裂缝，以羽状图显示裂缝在岩心内的扩展，而岩心边缘的唇缘表明，裂缝在岩心切割后扩展。右下角的阴影显示了裂缝面在延伸时的产状，呈顺时针方向旋转到井底。直径为 4in 的直井岩心；井孔向上方向朝向观察者

图 3-6-5 取自海相泥质页岩的岩心中形成的扭矩裂缝，由单一、孤立的螺旋面组成，其倾角很陡。直径为4in的直井岩心；井孔向上方向朝向照片的顶部

图 3-6-6 被扭矩裂缝破坏的岩心由碎片组成，除了干燥的钻井液和塑料薄膜或铝箔外，没有任何东西将碎片粘在一起，一旦被压扁，尽管单个碎片仍具有特征性的螺旋形状，但整体图案可能会丢失。a. 从海相页岩中留下一个大的螺旋碎片；b. 砂岩岩心中扭矩破碎区域的残留螺旋碎片，服务公司没有完整的岩心剖切面，只能在包装盒中放置代表性的螺旋碎片来代替平板。直径为4in的直井岩心；单个碎片的井孔向上方向未知

图 3-6-7 在硬石膏剖切板面过程中扭曲裂缝上的螺旋结构的两个视图相对完整。碎片可以在相同的岩心间隔中顺时针/逆时针旋转，从而产生复杂的相交断裂模式。b. 在板面上不明显的陡倾螺旋断裂面。直径为4in的直井岩心；井孔向上方向朝向两张照片的顶部

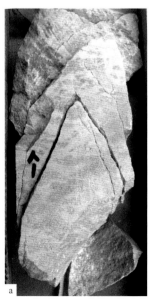

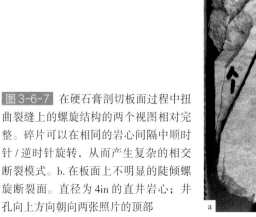

图 3-6-8 硬石膏地层中切割岩心形成相交的、反螺旋状的裂缝，类似于松果锥结构。a. 盒子存放着破碎的岩心；b. 岩心的两个支座在劈裂过程中紧紧结合在一起。直径为 4in 的直井岩心；井孔向上方向朝向两张照片的顶部

图 3-6-9 由于对深度的错误计算，当取心筒体被过度填充时，在岩心底部有 2ft 的粉砂岩被扭转而破碎。该间隔由岩心的螺旋裂缝碎片填充组成。直径为 4in 的直井岩心；井孔向上方向朝向照片的左侧

第七节　岩心压缩裂缝

即使没有复杂的扭矩，当岩心筒注满时，岩心平行压缩也会形成诱导裂缝（图 3-7-1、图 3-7-2）。当取心持续超过计划的 30ft 间隔时，会发生这种情况，这在现代钻机中不太可能出现，但仍可以在已归档的岩心中找到。

当一个岩心的底部部分不慎留在井眼中（钻机人员不知情的情况下），并在开始切割下一个岩心层段之前，部分填充了下一个 30ft 的岩心筒时，也会产生岩心平行压缩裂缝。当一次取心过短时要小心，因为下一次取心过长可能会导致压缩裂缝。众所周知，岩心钻取和处理公司会将多余的岩心从过长的岩心移至下一个较短的岩心处，以平衡两次钻取的岩心长度。因此现场岩心钻取的高度分别为 29ft 和 31ft，可能会在加工过程中将其标记为两个 30ft，从而使分析人员对两次取心之间的压缩裂缝区域的起源一无所知。最好在切割岩心时到现场，以确保在切割和处理岩心时一切都按计划进行，或者识别出何时没有岩心并了解其后果。

图 3-7-1　从井筒中提取并在钻井现场记录后立即显示的绿柱石粉砂岩的完整水平岩心裂缝带。岩心通过预切分的铝质岩心筒衬套的一半固定在适当的位置。由于试图将更多的岩心放入岩心筒中而造成的平行于岩心轴线的压缩，导致岩心沿着层理发生劈裂及形成亚平行结构。斜切于层理的次级剪切应力在岩心中形成与挤压有关的楔形体。如果尝试将岩心从未裂开的内筒的一端取出就会导致岩心碎裂。下图平板框中显示了该区域。请注意，覆盖整个核心的淡黄色低黏度油在切片后就消失了。可能的话，请尝试先查看岩心。直径为 2.5in 的水平井岩心；地层向上方向朝向照片的顶部，井孔向上方向朝向照片的左侧

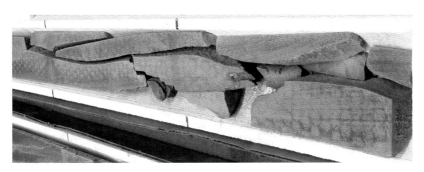

图 3-7-2　与图 3-7-1 为相同的岩心长度，但经过了拼合处理。主要的特征仍然存在，但拼图中所有小的碎片已经丢失。直径为 2.5in 的水平井岩心，由粉砂岩地层切割而成。地层向上方向朝向照片的顶部，井孔向上方向朝向照片的左侧

第八节　撞击引起的裂缝

在钻机底板上以及在岩心处理的许多阶段，各种尺寸的锤（从大到更大）都是必不可少的工具。锤子被用于拆卸岩心筒，以及将岩心破碎成合适的长度以适合岩心筒，甚至可以通过将现场中的钻机筒垂直悬挂在钻机绞车上的方法取下岩心，使岩心可以从底部层叠下来。在地质学家捡起岩心并装箱后用夹子夹住，牢记每个岩心部分的向上方向，并当岩心在筒内悬吊时尝试保留 10 个手指，被大锤向筒外撞击松动，松动的岩心突然倒伏在自身上，岩心两端相互撞击，产生撞击性裂缝。

随着分体式铝制岩心筒内衬和砌体锯的出现，锤子的使用频率有所降低，但仓库中仍有许多较旧的岩心。它们主要是用锤子处理的，这些锤子造成了大量与撞击相关的诱导裂缝。而且，许多岩心仍然是从未分裂的岩心筒的短段中移出，而金属棒则沿纵向插入取心筒中将岩心推出，这也导致了撞击裂缝。

在取心过程中，岩心的岩块，特别是水平井岩心，有许多机会相互撞击接触。水平井岩心的各个部分（通过垂直天然裂缝与地层分开）可以在筒中上下滑动数英寸，从而使裂缝两侧的两端岩心突然相互撞击，形成撞击裂缝。

大多数撞击性裂缝易于识别，因为它们的裂缝面不平整，有时是贝壳状表面，以及带有碎石的原始点（图 3-8-1 至图 3-8-3）。裂缝表面通常在与岩心外表面相交处具有唇边（图 3-8-4）。如果裂缝是羽状的，则羽状轴通常跟随岩心轴。一些敲击裂缝沿岩心形成螺旋状平面，表明岩心在破裂时被扭曲了（图 3-8-5、图 3-8-6），并暗示了与前文描述的扭矩裂缝的关系。在岩心末端反复敲击可能会造成岩心体积的显著减少（图 3-8-7）。由于它们与取心过程没有直接关系，因此，敲击裂缝可能向上传播、向下传播、斜向岩心或跨岩心传播。

图 3-8-1 致密灰岩中倾斜的、不平坦的撞击裂缝的两幅图。a.岩心稍微裂开，井孔向上方向朝向照片的左侧；b.岩心以蝴蝶形式打开，以显示两个断裂面，井孔向上方向朝向左侧岩心的顶部。裂缝起源于撞击的压碎点（箭头）。岩心由在钻机现场进行的浅锯环绕切割，旨在将岩心和岩心筒衬管切割成可控制的长度，以便运输到实验室，然后将岩心从衬管中挤出。但是，岩心并没有按照预期的方向沿锯切线断裂，而必须用锤子使其断裂，从而产生这种不规则的冲击断裂。平行于岩心轴的岩心表面的划线槽是由岩心定向靴中的划线刀制成的。直径为 4in 的直井岩心

图 3-8-2 a.白色的破碎带（箭头）标记了非海相灰岩岩心切割的撞击裂缝的撞击点，裂缝沿着岩心的轴线传播，并在与自由岩心表面相交的地方形成了扭曲裂缝，直径为 4in 的直井岩心；b.海相灰岩中一个大致呈平面状的裂缝，以羽状结构和岩心表面的唇边为标志，由于该段岩心缺失，无法追溯到相似的起源点，直径为 3in 的直井岩心。井孔向上方向朝向两张照片的顶部

图 3-8-3 从致密胶结砂岩中切割出的岩心的两个视图包含两个相互倾斜的撞击裂缝面，二者似乎都起源于相同的撞击点（箭头），尽管在形成第二个裂缝后可能已经失去了第一个起源点。裂缝沿岩心轴向下传播，没有形成羽状结构，并在岩石中终止。直径为 4in 的直井岩心；a. 井孔向上方向朝向照片的顶部；b. 井孔向上方向朝向观察者

图 3-8-4 穿过砂岩岩心的某一正常岩心裂缝为两块岩心分离并重新撞击在一起提供了机会，在裂缝的两侧形成了与冲击有关的碎片。剥落起源于断裂处红—黑定向线附近的高点，羽状结构从撞击点向井口和井底辐射。直径为 4in 的直井岩心；井孔向上方向朝向照片的左侧

图 3-8-5 从海相灰岩中切割出来的水平井岩心的撞击裂缝起源于一个天然裂缝（左侧的十字形岩心平面），岩心被裂缝分离，然后被撞回一起。诱导裂缝仅沿岩心轴一个方向传播。裂缝略呈螺旋状，表明岩心在断裂时被扭曲了。由于天然裂缝与岩心轴线呈斜向，岩心沿天然裂缝分离，取心过程中岩心块相对于筒内岩心块的轻微旋转，使非匹配面相互接触，为裂缝的发生提供了局部冲击点。当钻井液沿裂缝流动时，某些具有裂缝的部分已被侵蚀冲刷掉。直径为 4in 的水平井岩心；井孔向上方向朝向照片的左侧

图 3-8-6 在石灰岩水平井岩心切割中，在旋转岩心断裂（自旋岩心）处形成的贝壳状撞击裂缝。岩心末端的同心圆图案表示岩心彼此相对旋转，但岩心在断裂处仍能很好地固定，表明旋转量很小。旋转过程中，断裂处的凹凸不平相互影响，剥落的碎片从岩心边缘脱落。直径为 4in 的水平井岩心；a. 井孔向上方向朝向照片的左侧；b. 井孔向上方向朝向观察者

图 3-8-7 在水平井岩心中，反复的撞击破裂砂岩中剥离出大量的岩心碎片，在平面天然裂缝的右侧留下一个尖尖的、不匹配的岩心末端。直径为 4in 的水平井岩心；井孔向上方向朝向照片的左侧

第九节　倒钩弯曲裂缝

弯曲裂缝（Kulander 等，1990）开始时是一个平面的岩心正常拉伸断裂，但突然转变为一个单一的、独特的尖状物或钩状物，其方向与岩心的十字形断裂面几乎呈直角。这些裂缝形成经典的弯曲裂缝，当岩心弯曲到较小程度时会延伸，例如将岩心筒从偏心孔中小半径跟部周围的井筒中抽出，当一个在叉车中间平衡又晃动的岩心筒被搬离钻机场地时，或者有时当岩心弯曲并折断以使其适合岩心盒时。我们曾研究的一个砂岩岩心是在 1948 年切割完成，岩心被每隔 3ft 的弯曲裂缝所分割，可能是为了将其装入岩心盒中而在车的后挡板上弯曲并折断。

当弯曲岩心的外半径扩大时会形成弯曲裂缝，而由于垂直于岩心轴线的真实张性应力也会导致弯曲断裂，破坏传播到岩心直径的四分之三后延伸到弯曲内部的压缩区域。一旦进入压缩区域，正在扩展的裂缝曲线将试图平行于局部压缩应力，并传播至与岩心轴不平行的位置，从而形成独特的倒钩（图 3-9-1、图 3-9-2）。裂缝的最后一点可能会突然转弯，以近似直角相交于岩心表面（图 3-9-3、图 3-9-4）。将粉笔弯曲也会产生类似的裂缝。

这些裂缝出现在水平、倾斜和直井岩心中，并且仅是局部弯曲应力的产物，与区域或岩心压力无关。倒钩与层理或垂直无关，可以指向井眼或井下，或与水平井岩心中的层理平行或倾斜。

岩心的平板可能会穿过这些裂缝的倒钩，如果没有倒钩，可能很难将弯曲裂缝与盘状裂缝或其他裂缝类型区分开。水平井岩心中残留的层理、花瓣裂缝以及其他结构（图 3-9-5）会形成假弯曲的倒钩。

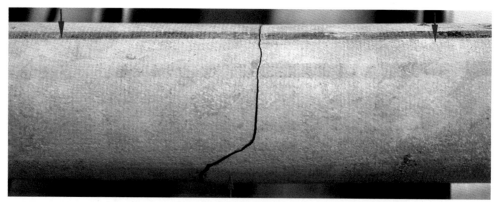

图 3-9-1　海相粉砂岩水平井岩心的弯曲裂缝展示的典型剖面。岩心弯曲使岩石在加工过程中破碎，其外端（箭头处）相对于中心向下受力。在弯曲外侧的拉伸状态下，一个平面的、垂直于岩心的拉伸断裂沿岩心直径的四分之三传播，然后进入弯曲内侧的压缩区域，并突然转近 90° 跟随压应力轨迹。裂缝再次转弯与自由岩心表面呈直角相交。直径 2.5in 的水平井岩心；井孔向上方向朝向照片的右侧

图3-9-2 a.风积砂岩的直井岩心剖面上的弯曲裂缝，井孔向上方向朝向照片的顶部；b.海相粉砂岩的水平井岩心剖面上的弯曲裂缝，井孔向上方向朝向照片的左侧。均显示了这类诱导裂缝的特征剖面。直径均为 4in

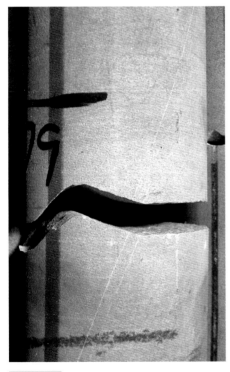

图3-9-3 一些弯曲裂缝的形状与传统的裂缝形式不同，具有不规则的外观，如致密胶结砂岩的弯曲裂缝。直径为 4in 的直井岩心；井孔向上方向朝向照片的顶部

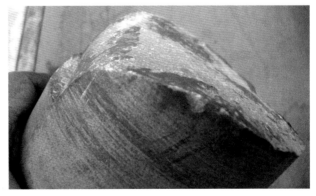

图3-9-4 胶结良好的风积砂岩中的弯曲裂缝的三维视图显示了泥质浸染的平面拉伸表面，进入弯曲的压缩区域时突然 90° 弯曲以及第二个较小的突变弯曲到垂直于岩心表面的位置，使岩心断裂。直径为 4in 的直井岩心；井孔向上方向朝向照片的右上方

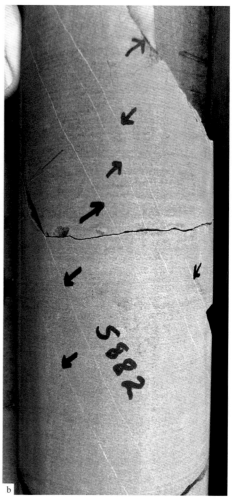

图 3-9-5 其他结构可能类似于带有倒钩的弯曲断裂，必须仔细观察岩心。a. 直井石灰岩岩心中的带刺结构由花瓣断裂与岩心法线锯切相交组成；b. 砂岩岩心中的带刺结构（红色箭头）是由一系列倾斜的方解石矿化充填天然裂缝（黑色箭头）与穿过岩心轴人为形成的诱导裂缝相交形成的。直径为 4in 的直井岩心；井孔向上方向朝向两张照片的顶部

第十节 不规则裂缝网络

由致密细粒石灰岩和白云岩切割而成的岩心通常具有定义不明确、不规则的相交系统，这些系统相交至不确定来源的次平行诱导裂缝。一些裂缝（如花瓣裂缝和盘状裂缝）局部形成阵列，指向岩心中未破裂的中心区域（图 3-10-1）。其他的裂纹集形成看似随机的网络（图 3-10-2）。

系统中的单个裂纹可能是单个平面，也可能是多个。岩石很容易沿着裂缝分开，但大部分岩心保持完整（图3-10-3、图3-10-4）。在有缝合线的地方，裂缝可能会沿缝合线延伸（图3-10-5），并横切缝合线。十字缝合线平面可能会提供可利用的机械薄弱平面，或者可能会集中形成裂纹的应力。由于存在来自板切和砂磨的岩粉，以及由于这些过程引起的与裂缝紧邻的岩石的损坏，裂纹孔经常看起来是矿化充填的。

这些裂缝中的花瓣裂缝（图3-10-4）和盘状裂缝（图3-10-6、图3-10-7）缺乏矿化作用，以及与岩心表面相互作用的局部形态都表明裂缝网络是裂缝的一部分，而不是离散的裂缝类型。这些裂缝中的大多数可能与岩心—钻头在岩石界面的应力集中有关。

图3-10-1 石灰岩（a）和白云岩（b）中的裂缝呈放射状排列，它们向内延伸至裂缝较少的中心区域。直径均为4in的直井岩心。井孔向上方向朝向两张照片的顶部

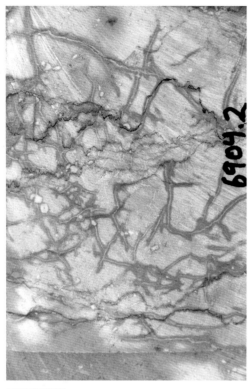

图 3-10-2 取自石灰岩切割的岩心中高度不规则的裂缝系统，某些裂缝沿着缝合线平面延伸。岩心被润湿，部分水分已经蒸发，裂缝保持水分的时间比岩板表面的其他部分更长，直径为 4in 的直井岩心、井孔向上方向朝向照片的顶部

图 3-10-4 裂纹网络可能类似于诱导花瓣裂缝和鞍状裂缝，石灰岩中的这些裂纹也是如此。裂缝最初从岩心边缘向内或向下倾斜，但当它们穿过岩心中部时倾角减小，裂缝变平。直径为 4in 的直井岩心；井孔向上方向朝向照片的顶部

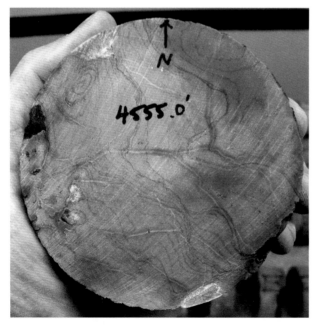

图 3-10-3 石灰岩岩心上的切口，裂缝在水平面上通常也是不规则的。直径为 4in 的直井岩心；井孔向上方向朝向照片的顶部

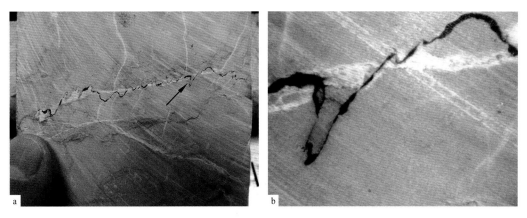

图 3-10-5 石灰岩岩心的不规则裂缝沿着由缝合线提供的薄弱平面，切割缝合线，如 a 中的黑色箭头显示；b 是放大的位置。直径为 4in 的直井岩心；井孔向上方向朝向照片的顶部

图 3-10-6 细粒白云岩中的一组系统的岩心法向裂缝（箭头）类似于不完整的盘状裂缝。b. 一条裂缝的未矿化表面（a 中红色箭头），没有特殊的判定形状或断口形貌。垂直的 4in 直井岩心；a. 井孔向上方向朝向照片的顶部；b. 井孔向上方向朝向观察者

图 3-10-7 在云质灰岩岩心上切割出不规则的棕褐色裂缝系统。井眼是垂直的，但层理是向左倾斜的，方解石正常充填的天然裂缝向右倾斜。方解石矿化充填呈一种较亮的白色，由于方解石的局部有小碎裂，诱导裂缝穿过了天然裂缝。直径为 4in 的直井岩心；井孔向上方方向朝向照片的顶部

第十一节　弧形走向诱导裂缝

其他类型的诱导裂缝具有弯曲的走向，起源不确定，出现在少数岩心中。在多年来记录的许多岩心中只有在一种岩心被发现，但在该岩心中反复出现具有微弱向上的凹形标志裂缝面，非常类似于一条在岩心中盲目开始和终止的中心线裂缝（图 3-11-1、图 3-11-2）。走向弯曲的原因尚不清楚，但这可能是中心线断裂的一种罕见形式。岩心连续性不足以确定该岩心中的五个测井弯曲裂缝是否具有与预期的中心线裂缝相似的取向，但所有五个样本都朝向最近的岩心外表面凹进去（图 3-11-2）。这些裂缝可能是在取心过程中由于上覆岩心段的重量在岩心筒中未受约束的岩石的侧向延伸而形成的，并且可能与图 3-3-19 至图 3-3-21 中所示的结构有关。

另一种弧形走向裂缝出现在不同地层的岩心中，在岩心中部呈凹形（图 3-11-3、图 3-11-4）。裂缝形成 0.5～1cm 厚的弯曲碎屑或岩心薄片，类似于井下铲刀的细长弯曲平面。薄片的一侧由岩心的外表面形成，另一侧由破裂的弯曲平面组成，并且几乎平行于岩心的外表面。裂缝平面围绕岩心圆周的四分之一延伸，并且沿着岩心轴延伸数英寸到数英尺的高度。在裂缝与岩心表面相交的地方形成凸缘。

油田传言这些裂缝与岩心脱气引起的岩心剥落有关，但没有证据支持这一理论。裂缝可能与应力释放有关，也可能与岩石表面温度变化引起的热应力有关，也可能与脱水有关。原位应力的一致或随机取向等证据将有助于这些结构起源理论的发展。在几个示例中，弯曲的诱导面似乎从靠近岩心边缘的非常狭窄的矿化裂缝延伸出来，或者至少与诱导面的总体走向平行（图 3-11-4）。

图 3-11-1 海相页岩岩心裂缝中，有几条诱导裂缝，其中一条裂缝的顶部和底部都是模糊的，并有轻微弯曲的走向。在岩心的这一部分内，裂缝的走向变化大约为 15°。直径为 4in 的直井岩心；井孔向上方向朝向两张照片的顶部

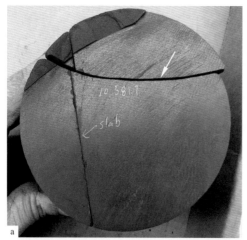

图 3-11-2 a. 在同一页岩岩心中发现的另一个弯曲裂缝（白色箭头）的俯视图，其走向变化了 30°；b. 裂缝的表面具有向上凹入的肋状（仅在倾斜照明下可见）和边缘效果，该肋状与右侧的岩心外表面相交。直径为 4in 的直井岩心；井孔向上方向朝向两张照片的顶部

图 3-11-3 从海相泥质页岩切下的岩心中，两种与岩心外表面平行的弯曲平面的诱导裂缝。直径为 3in 的直井岩心；a. 井孔向上方向朝向观察者；b. 井孔向上方向朝向照片的右侧

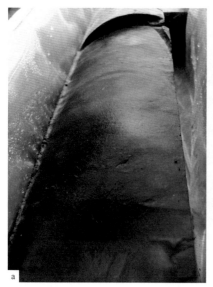

图 3-11-4 a. 一条高角度诱导裂缝的岩心轴视图，可以看到未修饰的表面以及在裂缝和岩心表面之间的交点处形成的凸缘，特别是在左侧，井孔向上方向远离观察者；b. 沿岩心进一步观察同一裂缝的边缘视图，可看到平面的、轻度矿化的天然裂缝（白色箭头），向下延伸到弯曲的诱导裂缝平面（黑色箭头），井孔向上方向朝向观察者。直径为 4in 的直井岩心

第十二节　与注水有关的裂缝

在从砂岩储油层切下的岩心中发现了一种独特的、短而平行的未矿化裂缝系统（图3-12-1、图3-12-2）。该系统的特性与该油田长期大体积高压注水开发所产生的裂缝膨胀组构相一致。注水开发项目结束后，裂缝普遍存在于600ft深的岩心中，这些岩心来自密闭性差、体积大、颗粒细的砂岩。注水期间，注入压力较高，但未超过局部分离压力，这不是水力压裂。相反，注水提高了地层孔隙压力，抵消了三种围压中每一种压力的百分比。

在这些条件下，岩石变得易碎，易发生拉伸破裂（Lorenz等，1991；Rhett，2001；Robinson，1959）。岩心中的诱导裂缝具有明显不同于岩心中共轭天然裂缝的特征，它们是不规则的平面，由垂直压裂区、水平压裂区和倾斜裂缝的过渡带组成。它们是在低的有效围压条件下形成的，三个围压几乎相等，也与注水历史一致。

诱导裂缝未矿化，岩石在这些裂缝平面上仍然部分完整，裂缝较为发育形成了普遍的裂缝扩张结构。裂缝平面通常以低角度相交的方式连接，各个断裂平面是粗糙且不规则的，高度范围从小于一英寸到数英尺，并且具有平行于次平行的走向。

图3-12-1 在低胶结砂岩岩心剖面上显示的垂直裂缝、与走向平行的不规则平面。在岩心左边缘有一层不容易被刷掉的坚硬的含盐风化层。右侧的棕色线是岩心托盘铁槽的铁锈，当岩心被直立放置在槽中时，它就留在了岩心上。直径为4in的直井岩心；井孔向上方向朝向观察者

图3-12-2 在低胶结砂岩中，垂直裂缝系统的垂直扩张膨胀裂缝。直径为4in的直井岩心；井孔向上方向朝向照片的顶部

水平诱导裂缝与层理相似，紧随其后或与之平行（图3-12-3）。这些裂缝通常很短，许多裂缝不能完全切开岩心。在1ft的岩心中，最多可发生32个水平诱导裂缝，但1in的间距更为常见。在相同的岩心间隔内不会同时产生水平裂缝和垂直裂缝。可能是受伴生的倾斜层理的影响，该区有少量倾斜裂隙带，但也形成了水平裂隙和垂直裂隙的过渡区。

诱导裂缝与天然裂缝平面之间存在明显的相互作用，说明在诱导裂缝扩展之前，天然裂缝就已经存在（图3-12-4）。

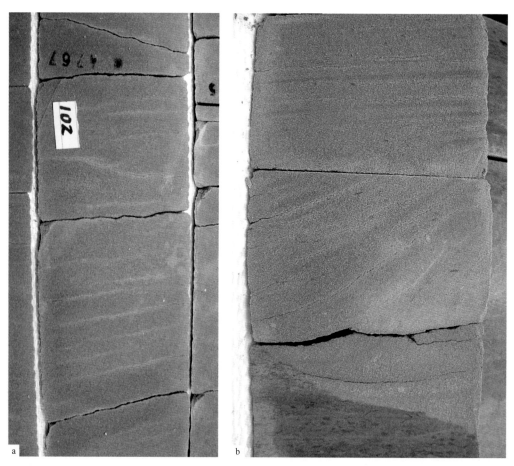

图3-12-3 在低胶结砂岩中出现不规则的水平膨胀裂缝（a）和倾斜裂缝（b）。二者都在未破裂的、有黏土斑点的层状砂岩上。倾斜的裂缝似乎已经转向倾斜的、可能变形的层理平面。直径为4in的直井岩心；井孔向上方向朝向两张照片的顶部

图 3-12-4 与水驱相关的诱导裂缝。a. 通过铅笔突出显示；b. 以特写形式显示。由于它们在穿过砂岩的传播过程中与天然裂缝（"NF"）相互作用而弯曲，表明诱导裂缝形成时间更早。直径为 4in 的直井岩心；井孔向上方向朝向两张照片的顶部

第十三节　岩心水力裂缝

有许多关于岩心水力压裂裂缝样本的传闻报道，但只有少数进行了公开描述（Fast 等，1994；Hopkins 等，1998；Peterson 等，2001；Potluri 等，2005；Warpinski 等，1993）。几个已发表的文章描述共有的岩心水力压裂特征如下：

（1）水力压裂裂缝是多股的，间距很小（厘米级到分米级尺度；图 3-13-1、图 3-13-2）；

（2）据报道在裂缝孔中残留了凝胶，但残留的支撑剂很少，这是因为在取心和处理过

程中支撑剂从裂缝中冲洗出来造成的；

（3）岩石可能完全分离，也可能只是破裂，并在裂缝面上保持部分完整；

（4）水力裂缝在层理面上显示小的偏移（毫米级到厘米级尺度；图 3-13-2）；

（5）一些水力裂缝显示出大的（数米到数十米）和意想不到的侧台阶；

（6）水力压裂比利用天然压裂空隙或破坏矿化的天然裂缝更频繁地切割新的母岩；

（7）水力裂缝可能平行走向或向天然裂缝倾斜，这取决于相对于天然裂缝走向的地应力方向（图 3-13-3、图 3-13-4）。

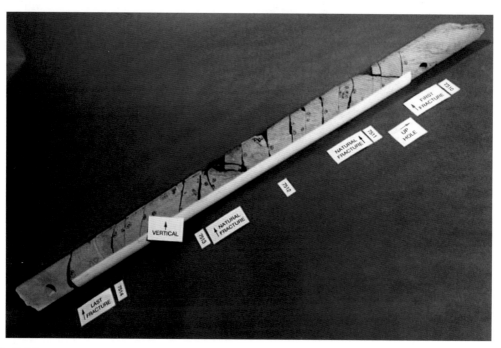

图 3-13-1 该岩心从非海相砂岩的斜井中切割而成，穿过了 29 条水力裂缝。水平面是层理平面，一些水力压裂股线终止于该层理平面，而另一些则相互抵消。该岩心距垂直注入井眼约 50ft。直径为 4in 的倾斜岩心，显示为地层中的原始方位，岩心上段朝向照片的顶部，井口朝向照片的右上角（据 Warpinski 等，1993）

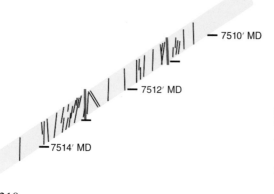

图 3-13-2 水力裂缝线（黑色线）的位置和近似几何形状。岩心还切割了 2 个方解石矿化充填的、近乎封闭的天然裂缝（红线），这些裂缝不会形成机械弱点也没有提供小裂隙来改变水力裂缝

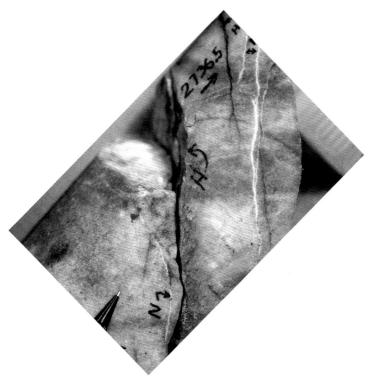

图 3-13-3 岩心从斜井中干净的、中等胶结的砂岩中切割而成，显示出深色的水力裂缝（"H"），它们与相邻的白色天然裂缝面（"N"）平行，但没有借助它们。天然裂缝实际上是形变带，没有孔隙，并且可能比相邻的母岩坚硬。岩心的目的是查明注入泥浆化的岩心岩屑在注入地下时的位置，并专门用于描述水力裂缝（据 Peterson 等，2001）。直径为 4in 的直井岩心；地层向上方向朝向照片的顶部，井孔向上方向朝向右上方

图 3-13-4 从图 3-13-3 中的同一口井中切割，显示多条水力裂缝穿过海相页岩。水力压裂裂缝垂直且彼此平行。直径为 4in 的倾斜岩心，模糊的、微弱延伸的层理从左到右横切整张照片；地层向上方向朝向照片的顶部，井孔向上方向朝向右上方

第四章 人工痕迹

    岩心人工裂缝是取心和处理过程中产生的岩石构造。它们通常是非平面的，不符合"裂缝"的常见定义。本图集侧重于裂缝，但如果要正确记录和解释裂缝，就必须了解岩心中的人工痕迹，并且一些人工痕迹提供了对裂缝分析有用的信息。例如，出现在岩心顶部和底部的人工痕迹有助于确定一截短的岩心是否缺少上部或下部，从而确定它在地层中的位置。钻杆连接处的剥离物和岩心爪抓痕等人工痕迹为定向岩心提供深度相关点，如果要使报告有用且有效，则需要对服务公司提供的岩心定向报告进行精确深度偏移。此外，在评估定向测量的可靠性时，必须对岩心表面上的定向凹槽人工痕迹的可靠性进行评估。

    其他构造，如两次转动的岩心，可以提供有关钻孔和处理过程的信息，但即使是那些被证明只是好奇的特征，也需要被识别出来，这样它们才能被舍弃。确定板面方向的一致性有助于评估裂缝测量稳健性，包括裂缝的高度和走向的稳健性。

    本章描述了在岩心中发现的各种较常见的人工痕迹。还包括更深奥的特征，例如在加工过程中，用来将岩心固定在枪管内的小齿轮螺钉在岩心表面留下的凹痕。

    图集的这一部分中描述的人工痕迹包括以下内容。

（1）岩心的顶底：

① 钻头压痕；

② 树桩状构造。

（2）岩心表面人工痕迹：

① 岩心爪抓痕；

② 划线凹槽；

③ 不规则的岩心直径；

④ 小齿轮孔。

（3）取心人工痕迹：

① 衍生产品；

② 双倍岩心。

（4）锯痕：

① 切割痕；

② 岩心筒分离痕；

③ 板锯损坏。

（5）其他人工痕迹：

① 旋转采集；

② 刀划痕；

③ 钻井液侵蚀；

④ 抛光表面；

⑤ 不一致的板坯；

⑥ 假象；

⑦ 变质岩心外皮。

第一节 岩心的顶底

当取心进尺完成并且岩心被带到地面时，岩心和取心组件需要从地层脱离。当绞车在钻柱上拉起时，组件底部取心筒中的岩心爪围绕岩心的圆周收紧，将其固定在筒体中，以便绞车的张力可以破坏岩石，将岩心从地层中拉出。这通常是有效的，因为岩石的张力很弱，特别是当岩石张力垂直于地层中的层理平面。

有时，岩心爪下方的层理面会在岩石进入岩心爪之前裂开，导致岩心底部形状像树桩的一块地层被恢复（图4-1-1、图4-1-2）。本质上，当司钻试图将井眼内翻时，井底已经与岩心一起上升。

图4-1-1 从白云岩（a）和海相页岩（b）切割的岩心底部的两个树桩状突起。在取心不连续时，树桩状突起底部的喇叭口是井筒的底部；树桩状突起下部的不规则层理面比上覆岩心弱，当岩心从井筒中拉出时首先破裂。a.岩心标有工业标准的红—黑线对，以指示井筒向上方向；b.岩心使用非常规的蓝—白线对。直径为4in的直井岩心；井筒向上方向朝向两张照片的顶部

图4-1-2 石灰岩岩心底部有小得多的树桩状突起残余（箭头处）。尽管它是一个很小的边缘，但该位置的岩心直径大于4in，无法装入岩心筒。岩心树桩突起可以在任何取心进尺的底部形成，因此如果多个岩心连续地取出，则可以在岩心盒的中间找到岩心树桩状突起残余。但是，它们很可能会出现在某人的办公桌上。直径为4in的直井岩心；井筒向上方向朝向照片的顶部

如果回收的岩心明显短于取心间隔，岩心的树桩状突起十分重要，因为它表明丢失的岩心一定来自取心间隔的顶部，在岩心筒就位之前便已被磨碎，而不是由于岩心爪的故障而从岩心筒底部消失，或在取心进尺的最后阶段被磨碎。

与利用岩心树桩状突起标记岩心底部的方式相同，钻头压痕表明岩心顶部已经恢复，它们以相同的方式发挥作用（图4-1-3、图4-1-4）。出现旋转钻头压痕的岩心顶部在钻头拉起并更换为取心钻头时是钻孔的底部。然后取心钻头捕获了一个直径为4in的井底样本。在一系列连续岩心中，钻头压痕很少见，这是因为取心进尺留下的钻孔底部由短的岩心树桩状突起组成，尽管有时司钻会用旋转钻头钻入一个孔并向前钻数英尺以清理取心进尺之间的孔。一些钻头留下的印痕类似于副产物，但与副产物不同的是，它们出现在岩心顶部，没有相对的配合面，并且它们不被同心光滑线标记。

图 4-1-3 1948年Hughes三牙轮钻头在两个井筒底部开始取心前停止钻探时所留下的两个印痕。钻头压痕是一种人工痕迹化石，在取回岩心时被带到地表。直径为4in的直井岩心；井孔向上方向朝向观察者

图 4-1-4 不同类型的钻头会留下不同的压痕。相比之下，a和b分别是从海相页岩和粗粒灰岩的岩心中切下的，由PCD（多晶金刚石）钻头生产，该钻头刮削地层以在孔底部形成更平滑的圆形图案，与三牙轮钻头的齿的锤击和剥落作用形成对比，三牙轮钻头产生了粗糙图案。c. 一个低浮雕但仍然有麻点的表面，表明在较软的页岩中存在一个三牙轮钻头。直径为4in的直井岩心；三张照片井孔向上方向朝向观察者

第二节　岩心爪拖拽痕

岩心爪由安装在取心筒内、取心钻头正上方的钢楔组成。存在不同类型和配置的取心楔块，但只要钻头上有重量并且一切正常，所有楔块都会缩回到圆柱形取心筒内的凹槽中。一些楔子由一个粗边指状物的"岩心管"组成，分叉的锥形环适合取心筒中相应的锥度，另一些则由适合锥形槽的单独的粗边楔子（"钳"）组成。当司钻拉起钻柱时，楔块滑出外壳，它们的粗糙表面以足够的力夹住岩心的侧面，通常，在使用绞车时固定岩心，用于拉动岩心并将其从井筒底部的地层中折断。

岩心爪在取岩心时留下的痕迹可在岩心底部的表面上看到（图4-2-1a），除非，在很多情况下，岩心的最后1in必须用大锤敲碎，以便将其从取心筒中的取心器楔块中释放出来。尽管顶驱钻机或井下钻井液马达操作不再需要这样做，但是每次钻孔时，司钻提升钻柱以拧入新的30ft管接头时，也会形成岩心爪抓痕（图4-2-1b）。

图4-2-1 a.单个取心楔子或"钳"（红色箭头）在夹住岩心底部时留下的印痕，以及由岩心定向划线（黑色箭头）形成的类似印痕，岩心爪没有完全缩回，而是沿着接合点上方的岩心表面拖动，岩心爪和划线器组件围绕岩心快速旋转，产生螺旋状痕迹，岩心方向测量对这部分岩心无效；b.由多指组成的不同篮式岩心爪留下的印痕，该印痕是在连接处而不是在岩心底部产生的，因为印痕下方的岩心是同一取心进尺的延续。岩心方向划线通常在连接处跳跃，为方向测量提供深度相关点。直径为4in的直井岩心，井孔向上方向朝向两张照片的顶部

在取心时，取心器楔子并不总是完全缩回到它们的凹槽中，因此，在取心过程中，由于被岩心筒包围，粗糙的楔形表面会沿着岩心的外侧被拖拽（图4-2-2、图4-2-3）。篮式取心器的旋转位置在岩心筒内不是固定的，即使相关的岩心方向划线槽是直的，它们也可能在心上留下旋转或不规则的印痕（图4-2-3）。不明显的取心器印痕可能被误认为是定向岩心的划线凹槽。取心器拖曳留下的一些印痕是很深、明显的、下凹的颤动痕迹（图4-2-4）。

图4-2-2 在对该石灰岩取心时，其中一只捕心钳没有完全缩回，而是沿着岩心表面拖拽，留下了一道较宽的印痕（就在铅笔的左侧）。该印痕与岩心爪印痕左侧的岩心定向划线凹槽形成对比，该凹槽更深、更离散。不完整的岩心爪缩回通常不会显著损坏岩心或阻碍取心操作，但如果岩心爪被卡住并完全伸展，则无法切割岩心。直径为4in的直井岩心；井孔向上方向朝向照片的顶部

图4-2-3 在石灰岩（a）和钙质页岩（b）取心过程中，多指、篮式取心器未完全缩回留下的印痕。a.岩心管与旋转钻柱完全分离，并留下没有螺旋的伤痕，尽管取心和钻孔力学中固有的振动引起了一些漂移；b.岩心管在井下顺时针旋转，被钻杆柱的旋转拖拽。直径为4in的直井岩心；井孔向上方朝向两张照片的顶部

図4-2-4 不完全缩回的岩心爪可能会损坏从能干性较差的岩石（例如此处显示的泥页岩）上切割的岩心。当岩心筒下降到岩心上方时，发生故障的楔子沿着岩心表面被拖拽，在井下产生凹形的新月形颤动痕迹。类似这样的印痕顺着岩心延伸了数英尺，在岩心爪最终缩回或岩性能干性更好的地方结束。直径为 4in 的直井岩心；井孔向上方向朝向两张照片的顶部

第三节　岩心定向划线槽

定向的岩心由三个"刀"划线，硬化钢的三角形楔块与岩心筒内的岩心爪一起安装，取心器用螺钉固定在取心钻头内的取心筒底部。划线刀位于滑靴内侧周围，以便在取心过程中岩心进入筒体时，刀具会在岩心表面的三个位置划出数毫米深的凹槽。凹槽通常但是以 0°、150° 和 230° 的角度排列，凹槽是彼此关联的，围绕在岩心顶部的岩心布置。

0° 时，在定向报告中被称为"工具面"，它切割主划线，这是一个不比其他划线深的凹槽，但可以通过一对间隔更近的辅助凹槽识别开。不同的服务公司使用不同的划线位置，但使用 0°—150°—230° 位置的非对称配置不仅可以定向岩心，还可以在岩心上切割独特的上下方向参考。此外，如果其中一个划线刀出现故障或划线槽在板坯切割期间被去除，则该配置允许仅用两条划线来确定主划线的位置。

服务公司提供岩心定向报告，其中列出了每英尺深度处从北顺时针方向的主要划线位置（或者，对于水平岩心，在井下观察时从上方顺时针方向）。定向报告中很少指出取心筒中划线刀的配置，该配置必须从岩心测量。

容易引起谬误的地方在于，岩心定向报告中报告的深度是司钻深度，在计算裂缝走

向时，它必须进行深度偏移以完全匹配岩心深度，这是因为岩心划线随深度旋转。理想情况下，划线靴和内筒通过轴承与旋转的岩心钻头和筒隔离，不应旋转，但系统中有足够的摩擦力，旋转很常见。直线划线是理想的，但划线槽每英尺旋转约10°通常是可以接受的（图4-3-1、图4-3-2）。旋转量越大，处理难度会逐渐变得困难，是因为将岩心深度与定向测量深度相关联的数英尺误差会导致计算出的裂缝走向发生显著变化。

图 4-3-1 理想的划线（箭头处）几乎是直的，沿岩心轴旋转很少或根本不旋转。直径为 4in 的直井岩心；井孔向上方向远离观察者

图 4-3-2 由于旋转的外部岩心筒和假定静止的内部岩心筒之间的摩擦，大多数划线围绕岩心顺时针旋转。有时，划线器会逆时针旋转，这可能是由于钻柱中的振动谐波。划线（箭头处）以均匀的速度旋转，沿着 8ft 间隔围绕岩心轴旋转约 80°，或每英尺约 10°。如果将定向岩心中的裂缝与定向调查相关联时存在 ±1ft 深度的不确定性，则计算出的裂缝走向只能精确到 ±10°。除非将岩心重新组装并锁定在一起，否则无法正确测量划线旋转。目前很少有服务公司提供这种评估。在测量定向岩心的裂缝走向时，这是一个关键的步骤，尽管经常被忽略。请注意岩心顶部的 PCD（多晶金刚石）钻头压痕。直径为 4in 的直井岩心；井孔向上方向朝向观察者

必须识别岩心中的连接、衍生、划线偏移和划线跳跃等人工痕迹（图4-3-3、图4-3-4），这是因为主要划线中的不连续性应匹配定向报告中的工具面方向，提供深度

相关点。此外，岩心表面上主要划线的每英尺旋转度数应与报告的工具面旋转度相匹配；如果二者不兼容，则存在必须承认和解决的问题。

图4-3-3 划线旋转并不总是均匀的；它可以突然移动，有时是由于岩性的变化，有时是由于钻井参数（例如钻压或钻柱转速）的变化。划线刀突然在岩心表面周围横向拖动40°～50°，提供了一个可测量的划线偏移，这应该反映在工具面定向报告中。标志着报告和岩心之间的深度关联点。直径为4in的直井岩心；井孔向上方向朝向照片的顶部

图4-3-4 在水平井和直井岩心中，即使岩心的各个部分首尾相连，定向划线槽也可能在天然或诱导裂缝处跳到岩心周围的新位置。这些划线跳跃可能与取心过程中钻头的轻微反弹有关，并再次提供岩心深度和方向测量之间的深度相关点。两个岩心都是水平的，直径均为4in。a. 岩心来自海相灰岩；b. 岩心来自海相粉砂岩；井孔向上方向朝向两张照片的左侧

在连续长度的岩心上绘制直的主定向线（MOL；通常以绿色绘制；图4-3-5）可以为测量划线偏差提供参考，有时相对于MOL的划线旋转提供了唯一的方法即将岩心深度转换到定向调查。划线槽旋转随深度的变化而改变，以匹配定向公司报告的工具面旋转的变化。如果岩心切割缓慢或系统中存在过度振动，划线刀可能会在岩心中切割过宽的凹槽（图4-3-6），从而导致重建的裂缝走向有15°～20°的不确定性。如此宽的凹槽可能类似于岩心爪拖拽痕。

一些公司不喜欢对岩心进行定向，因为划线刀施加的应力会破坏岩心，但定向岩心可以成功地从许多裂缝性地层上切割下来。考虑因素包括裂缝矿化程度（强矿化裂缝不容易被划线刀打破）、切割的岩心长度（由于上覆岩心重量的影响，长岩心底部的裂缝可以更容易地被刀打破），以及被取心岩石的破裂强度。

图 4-3-5 无论岩心是否定向，绿色主定向线（白色箭头）都很有用。对于每个连续部分，沿心轴垂直绘制，并在岩心中的可锁定断裂处，这样的线可用于测量划线（红色箭头处）随深度的旋转（划线如何旋转才能使其与绿色定向线会聚）。主定向线还为随后移除的岩心样本上方和下方的结构提供了相对于彼此的定向参考。然而，主定向线是没有用的，除非附有生产线、碎石区、衍生品等不连续点的记录。b.服务公司在概念上不清楚的地方会通过袋装碎石标记绿色主定向线。水平井岩心地层向上方向朝向岩心的高侧，因为岩心位于桌子上，两张照片井孔向上方向远离观察者

图 4-3-6 钻孔和取心机械中固有的振动可以传递到岩心导向机制，并且可能导致在能干性较差的地层中形成定义不明确的划线凹槽。除了沿着该岩心部件过度旋转的划线外，一组振动的划线刀在岩心表面留下的印痕会产生一个 10°～15° 宽的破损"凹槽"，这意味着在该深度处凹槽测量的任何裂缝上都会出现类似的误差条。直径为 4in 的直井岩心；井孔向上方向朝向照片的顶部

第四节　不规则岩心直径

理想的岩心沿其长度方向具有恒定的直径，但许多工艺可能会导致岩心直径不规则和／或更小。岩心钻头上过大的钻柱重量会使岩心筒弯曲并使其倾斜，随着钻柱旋转得更快，倾斜的方位角会围绕孔底缓慢旋转，从而铣削岩心的侧面（图 4-4-1、图 4-4-2）。通过将岩心定向划线刀绕着岩心从侧面拖拽，可以将岩心表面铣削成更小的直径，从而将内部与外部岩心筒隔离开来。在钻头尚未就位到孔底部的圆形切口中的岩心顶部也常见小直径颈缩岩心的短部分（图 4-4-3、图 4-4-4）。

图4-4-1 岩心钻头的重量过重、岩心筒弯曲和钻头在孔中略微向侧面倾斜，可能是造成螺旋通道磨损到岩心侧面的原因，该岩心是从浸油的风成砂岩中切割出来的。随着井眼的加深，倾斜的方位角围绕井筒旋转，导致向下和顺时针的螺旋。直径为5in的直井岩心；井孔向上方向朝向照片的顶部

图4-4-2 从油浸砂岩中切割的岩心中间颈缩视图。没有螺旋或其他线索来说明颈缩的起源，但钻头上的过重导致岩心钻头倾斜是一种合理的机制。b. 岩心上绘制的箭头意义不明，但指向井下。直径为3.5in的直井岩心；井孔向上方向朝向两张照片的顶部

图4-4-3 岩心顶部直径减小的部分是通过在孔底部的旋转岩心钻头就位之前摆动而造成的。直径为4in的直井岩心；井孔向上方向朝向照片的顶部

图4-4-4 定向该岩心时使用的划线刀绕着岩心向侧面拖动，刮擦表面将岩心直径减小数毫米，直到它们最终形成能够稳定岩心筒和内岩心筒的凹槽（箭头处）。岩心顶部的钻头压痕表明岩心捕获了井眼的预取心底部。直径为4in的直井岩心；井孔向上方向朝向照片的顶部

第五节 小齿轮孔

在一些取心操作会使用螺栓拧入并穿过岩心筒侧面以将岩心小齿轮固定到位，进而防止在拆卸取心组件和处理内筒时发生移位或从筒中掉出。螺栓会在岩心上留下孔洞（图4-5-1、图4-5-2），并且会在孔洞周围产生局部岩块剥落和裂缝，形成的痕迹通常可以追溯到螺栓孔的起点。

图 4-5-1 岩心侧面的两个小齿轮螺栓孔是在加工过程中用于稳定岩心筒中岩心的螺栓留下的印痕。左上至右下的斜划痕可能来自一个拖拽的岩心提取器。直径为 4in 的水平井岩心；井孔向上方向朝向照片的左侧

图 4-5-2 岩心取自泥质海相页岩（a）和白云岩（b），在小齿轮螺栓孔周围剥落和破裂。当螺栓被压入岩心中时，它们会产生不规则的断裂。直径为 4in 的直井岩心；井孔向上方向朝向两张照片的顶部

第六节　衍　生　物

在取心期间，当外岩心筒与内筒不完全分离时，内筒开始旋转，向筒中的岩心传递扭矩。如果该岩心的底部仍然附着在地层上，少量的扭矩将形成前文所述的诱导扭矩断裂的情况。如果岩心捕获岩心法向薄弱平面（例如层理），或者内部筒体过度旋转会将更大的扭矩传递给岩心，则扭矩不仅可能会破坏岩心，还可能导致断裂处上方的岩心与钻柱一起旋转，并在附着于地层的岩心上旋转，从而形成衍生平面。分离表面显示出独特的同心圆形线条，这些线条是由一个岩心表面相对于另一个岩心表面连续旋转形成的。甚至可能在长时间发生旋转的地方形成。

衍生可能是平面的，也可能是向上或向下凹的（图4-6-1至图4-6-3），或者它们可能是三者的组合（图4-6-4）。

图4-6-1　石灰岩中的衍生产品。a.剥离物上方和下方岩石的不规则全等凹凸表面；b.衍生表面，以微妙的同心线为标志。直径为4in的直井岩心；井孔向上方向朝向两张照片的顶部

图4-6-2　海相页岩（a）和孔洞白云岩（b）岩心中不规则的同心纹路标记了平面衍生表面。用抹布从岩心上擦去湿钻井液时留下的污迹掩盖了a中线条的同心性。直径为4in的直井岩心；a.井孔向上方向远离观察者；b.井孔向上方向朝向照片的右侧

水平井岩心中可能会发生伪衍生，在这种情况下，取心期间的系统振动导致两个岩心片相互摇晃，而没有沿钻柱旋转方向连续旋转（图4-6-5）。衍生品很常见，一些岩心被

大量规则间隔的衍生品破坏。在定向岩心中，如果它们不是那么丰富，以至于与报告的工具面方向的跳跃相关的不止一个，那么它们可能是重要的深度相关结构。一些衍生品代表大量岩石的损失，在两个衍生面相互旋转的过程中被碾碎。

图 4-6-3 硅质页岩（a）和海相页岩板片段（b）中的不规则衍生物，显示同心线，表明一块岩心相对于另一片岩心的圆形剪切

图 4-6-4 锁定衍生产品的两个视图（箭头处）。a. 衍生产品的特征同心圆图案的相对面，表面不是平面而是三维的并且彼此完全一致，两个岩心面不能相对于岩心轴横向移动，但容易相互旋转，从某种意义上说，岩心"锁定"了这个衍生物，但它可以自由旋转，因此它为这个定向岩心的报告工具面方向的跳跃提供了良好的深度相关点。绿色的主定向线旨在表示连续的锁定岩心区间并在这些区间中提供相对断裂撞击的参考，错误地划过衍生物而且没有箭头表示中断。直径为 4in 的直井岩心 a. 井孔向上方向朝向图的顶部；b. 井孔向上方向远离上部岩心片的观察者，而朝向下部岩心片的观察者

图 4-6-5 来自泥质灰岩的水平岩心圆形结构的相对面视图。围绕岩心圆周（箭头）传播的弓形裂缝传播肋的残余物表明，穿过岩心的原始断裂是盘状断裂，随后被用作伪衍生产品。衍生表面上的同心线是短弧而不是连续的圆，这表明由于振动而不是两个面相互连续旋转而导致的来回旋转振荡。直径为4in的水平井岩心；井孔向上方向朝向左侧岩心的观察者，而远离右侧岩心的观察者

第七节　叠加取心

一些岩心碎片显示出在两个或更多角度上一块岩心上取心的证据。在某些情况下，取心过程中取心器滑落后取心钻头会重新进入钻孔，当取心钻头到达下钻位置时，一个岩心之间略微不同位置的孔以奇怪的角度被捕获（图4-7-1、图4-7-2），在其他范例中再次到达井底部，准备下一次取心进尺（图4-7-3）。

图 4-7-1 在取心进尺结束时，可能会在井眼底部留下一小截岩心。在下一次提心进尺重新进入孔中时，残端可能不在取心钻头下方居中。在一系列连续岩心中进行取心进尺时，在岩心顶部恢复的结构，是偏离中心的岩心基座残端的残余物。直径为4in的直井岩心；井孔向上方向朝向照片的顶部

图 4-7-2 考虑到切削工具的圆周运动,该岩心的形状似乎是不可能的。事实上,它类似于半岩心残端,由岩心钻头在同一块岩石上的两次非同心通道形成。该碎片发生在岩心提钻的顶部,或者岩心钻头被抬起并放回原处。直径为 4in 的直井岩心;a. 井孔向上方向朝向照片的顶部;b. 井孔向上方向朝向观察者

图 4-7-3 一块岩心在失去取心筒底部后落到井筒底部的三个视图,并在岩心钻头下的几个位置旋转,在下层岩心顶部形成一个凹形表面作为下一次岩心提钻的钻头。岩心碎片最终被岩心筒捕获,在岩心提钻的顶部被回收。直径为 4in 的直井岩心;a、c.井孔向上朝向照片的顶部;b.破碎的多旋转岩心碎块的井孔向上方向未知

第八节 锯　　痕

石工锯可能是继锤子之后用于岩心加工的第二常用工具。锯的用途包括将岩心切割成一定长度以进行运输和装箱、从内部铝筒中取出岩心、切割岩心以进行取样和切片。

正确使用锯子需要技巧。板坯锯条必须定期修整，使保持嵌入切割边缘的金刚石暴露在外，并且在切割板坯时不应迫使锯条穿过心部。正确的板坯技术可以产生光滑的板坯面，而错误的板坯技术和钝刀片会在板坯上留下必须通过打磨去除的疤痕。砂磨会增加岩心的磨损和撕裂，并产生岩粉，这些岩粉会卡在板坯的所有可用裂缝中，通常类似于矿化充填。

当将岩心切割成用于装箱或运输的长度时，岩心可能会被划伤，即部分锯开，然后将其余部分折断。此过程的优点是使心端可锁定，并使每段岩心保持其真实长度。然而，不完整的锯切通常在板坯切割过程中被故意定位在岩心对接中（图4-8-1、图4-8-2），如果只检查板坯，与刻痕相关的规则诱导裂缝可能类似于天然裂缝，尤其是在水平岩心，其中这些岩心法向锯相关裂缝是垂直的。更常见的是，岩心在被破坏之前会在其圆周上划线（图4-8-3），甚至完全锯开，尤其是当它们仍处于钻台现场的岩心筒衬管内时，被切割成可运输的长度。

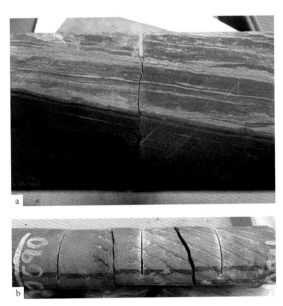

图 4-8-1 一些岩心被锯到一半，期望在岩心的其余部分容易打破岩心，这通常有效，但并非万无一失。a. 部分被锯开并在其余部分断裂的岩心，锯切是岩心断裂的明显来源，水平井岩心，地层向上方向朝向照片的顶部，井孔向上方向朝向照片的右侧；b. 没有按预期工作的岩心，在紧密间隔的锯切之间诱导了岩心断裂，直井岩心，井孔向上方向朝向照片的左侧（注意旋转取心的伤痕）。用锤子在所需位置打破岩心的技术在很大程度上已经失传

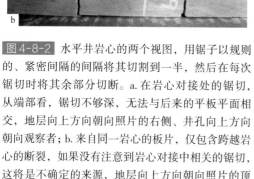

图 4-8-2 水平井岩心的两个视图，用锯子以规则的、紧密间隔的间隔将其切割到一半，然后在每次锯切时将其余部分切断。a. 在岩心对接处的锯切，从端部看，锯切不够深，无法与后来的平板平面相交，地层向上方向朝向照片的右侧、井孔向上方向朝向观察者；b. 来自同一岩心的板片，仅包含跨越岩心的断裂，如果没有注意到岩心对接中相关的锯切，这将是不确定的来源，地层向上方向朝向照片的顶部、井孔向上方向朝向观察者。直径为 4in 的水平井岩心的板坯和对接

图 4-8-3 从石灰岩（a）和海相粉砂岩（b）切下的这两个岩心，用锯在其圆周上划线，切穿铝制岩心筒内衬并在岩心上划痕。在不完整的锯切处，没有一个岩心如预期的那样断裂。a. 直径为 4in 的直井岩心，井孔向上方向朝向照片的左侧；b. 直径为 4in 的水平岩心中粉砂岩和黑色页岩之间的接触，地层向上方向远离观察者，井孔向上方向朝向照片的左侧

一些服务公司已开始将岩心切割成更容易处理且更易于装入板坯设备的 6in 短长度。尽管在这样的岩心碎片中仍然可以充分评估地层和大多数沉积结构（水平岩心除外），但这不是研究裂缝的最佳方式，因为它增加了不平行板坯平面和倒置心片的可能性。

当岩心筒衬管在第一次取心作业中普遍使用时，对于从衬管中取出岩心的最佳方法并没有达成共识，可以在岩心上找到纵向锯切刻痕，通过将衬管纵向锯成两半，从衬管中切出心体（图 4-8-4）。这些操作是需要大量劳动力且危险性高，并且在很大程度上已经停止。

板锯是另一种不常见的、不明来源的工具。用过大的力将钝刀片推过岩心会产生疤痕，从板坯表面上的蚀刻弧到弧形心块仍然散发着过热的锯片和烧焦的岩石的味道（图 4-8-5），当技术人员推动和扭曲锯片上的心时，它们会散开（图 4-8-6 至图 4-8-8）。

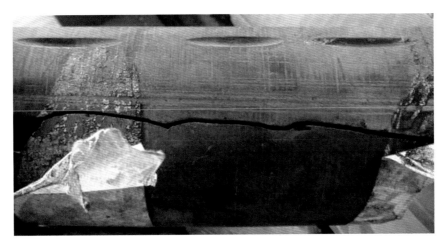

图4-8-4 沿着该岩心表面上的三个虚线锯切是在岩心筒内衬里纵向分开以移除岩心时进行的。使用铝制岩心筒内衬增加了恢复完整岩心的机会并降低了岩心堵塞的可能性，但它有其自身的问题。许多技术已用于从衬管中取出岩心，包括柱塞、汽车千斤顶，并用钻机钻井泵将其抽出（土豆炮技术）。直径为4in的水平井岩心；井孔向上方向朝向照片的左侧

图4-8-5 维护不善和使用不当的板锯会在板面上留下锯道的弧形记录。这种浸油砂岩心在切割板坯的过程中与板坯锯片错位，形成这些板坯锯痕。直径为4in的直井岩心制成的板坯；井孔向上方向朝向照片的左侧

　　即使采用最好的技术，当裂缝与板坯平面倾斜时，板锯可能会损坏夹在裂缝和板坯平面之间的岩石薄楔（图4-8-9、图4-8-10）。损伤带类似于矿化作用，使裂缝看起来比实际宽得多。

　　本节显示的岩心轴水平，因为这是处理和锯切岩心的位置，无论它们是从垂直井、倾斜井还是水平井中切割出来的。当从切割位置查看岩心时，更容易理解锯子留下的痕迹。

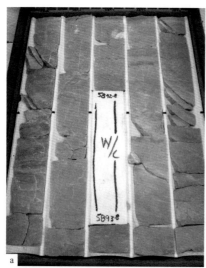

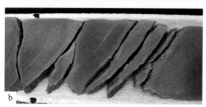

图 4-8-6 由板坯引起的弓形诱导裂缝的两个例子。技术人员有时会强行让板锯穿过心部，将弓形板锯痕变成弓形板锯断裂。板坯和弓形裂缝之间的关系可能并不明显，因为板坯上的锯痕通常已通过打磨去除，但诊断疤痕可以在相对未打磨的对接板坯面上找到。从海相灰岩上切下的直径为4in的直井岩心板；a. 井孔向上方向朝向照片的顶部；b. 井孔向上方向朝向照片的右侧

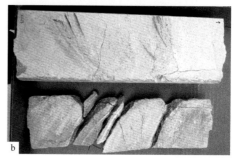

图 4-8-7 将重结晶灰岩（a）和泥质颗粒灰岩（b）中相同岩心间隔的板坯与对接进行比较。在等效岩心对接中没有弓形板锯裂缝，以及对接板表面存在未打磨的弓形板锯疤痕，证实了与锯相关的裂缝起源。直径为4in的直井岩心，井孔向上方向朝向两张照片的右侧

图 4-8-8 一些板锯被用很大的压力强行穿过心部，以至于心部仍然散发着过热机器的气味，弓形板锯断口具有扭曲平面（箭头处），当板条锯片主要用于从心中撬出板片碎片，扭曲心时，就会产生扭曲平面（箭头）。从泥质灰岩中切割出的直井4in直径的岩心；井孔向上方向未知

图 4-8-9 断裂面和板坯表面之间的岩石狭窄边缘可能会被板锯或砂磨过程损坏，在断裂面的一侧留下裂隙岩石区，通常类似于矿化。沿诱导裂缝损伤区的这两个视图来自海相灰岩。直径为 4in 的直井岩心制成的板；井孔向上方向朝向两张照片的顶部

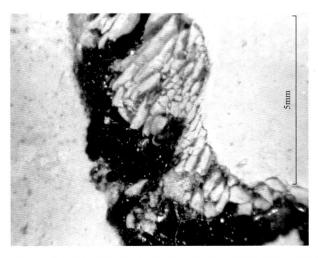

图 4-8-10 当板锯以倾斜于充满焦油沥青的天然断裂面的小角度切割时形成的破碎的方解石楔形物。沥青帮助将破碎的岩石固定到位。板坯平面与照片平面平行，天然断裂面以一定角度切入照片右侧，与岩心剖切平面呈 10° 的夹角。直径为 4in 的直井岩心；井孔向上方向朝向照片的顶部

第九节　岩心采集

取心期间岩心筒顺时针旋转（从井下看），因此当钻头在裂缝平面的横截面上旋转时，任何不受紧密矿化支持的天然或诱导裂缝的两个边缘之一将受到张力，并且相对

面受到压缩。

　　岩石的拉伸强度比压缩强度弱一个数量级，因此，受拉的断裂边缘通常会变得不规则，而受压的相对边缘则保持相对笔直和干净（图4-9-1、图4-9-2）。这允许地质学家在不依赖上下岩心方向标记的情况下确定断裂岩心块的顶部和底部。

图 4-9-1 在石灰岩岩心中从侧面观察的垂直诱导中心线断裂面的两侧。由于旋转钻头（箭头指示的旋转方向）产生的应力是压缩的，岩石的压缩力很强，因此左边缘是直的、干净的。由于岩心钻头通过该无支撑表面时所施加的应力是拉伸应力，因此相对的断裂边缘已经严重碎裂和拔蚀。岩心另一侧的断裂边缘显示出类似的不对称拔蚀。直径为4in的直井岩心；井孔向上方向朝向照片的顶部

图 4-9-2 天然裂缝也可以通过旋转钻头进行采挖，灰质页岩中溶解增强的方解石衬里断裂面两侧的差异采掘显示。岩心上绘制的弯曲箭头表示钻头旋转穿过岩心表面的方向，而上半部分箭头表示沿薄膨润土的水平剪切面。直径为4in的直井岩心；井孔向上方向朝向照片的顶部

第十节 划 痕

在取心和加工过程中，岩心有很多机会被划伤，虽然这听起来不太可能，但划伤可能或者已经被误认为是狭窄的矿化裂缝。

出现线性的、模拟断裂的划痕的一个常见原因是故意沿着岩心表面划出的刀尖（通常是开箱刀），以便快速去除用于在切割后立即阻止岩心脱水的塑料薄膜。薄膜仅在几周内有效，因此，当稍后需要检查磁芯时，技术人员会沿着磁芯拔出刀，切开薄膜，并在磁芯外表面留下线性划痕（图4-10-1）。为了便于去除，通常沿岩心的至少两个表面切割薄膜，这意味着许多此类假裂缝甚至可以在三个维度上进行追踪，增加了它们是天然裂缝的印痕（图4-10-2）。划痕会留下看起来像矿化的白色痕迹。使用手持镜头或双目显微镜检查通常可以解决问题。

图4-10-1 从石灰岩中切割出来的岩心末端有一道细微的划痕，看起来像是一条狭窄的矿化天然裂缝，但它是由划过岩心的刀尖造成的。直径为4in的直井岩心碎片；井孔向上方向远离观察者

图4-10-2 箭头之间的微弱划痕可以沿着岩心表面持续1ft，直到穿过岩心的末端。划痕是通过用小刀从岩心上取下塑料薄膜包装而产生的。用手镜检查表明，矿化似乎是被刀尖损坏的岩石，并且损坏没有延伸到由钻头通道形成的环绕岩心表面的山脊之间的小山谷。从钙质页岩切下的直径为4in的直井岩心；井孔向上方向朝向照片的顶部

第十一节　钻井液侵蚀

一些裂缝表面看起来是光滑的、有凹槽的，钻井液在裂缝孔径内流动，并被裂缝内与地层漏失有关的高压流体流侵蚀（图4-11-1）。凹槽平行于断裂面并不常见，但已在岩心轴上观察到，并且可能与沿天然和诱导断裂面的高压有关。

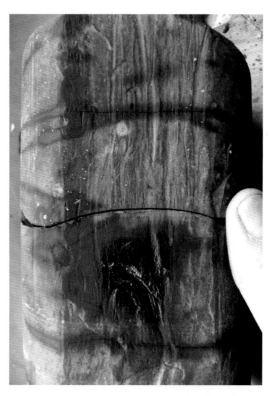

图4-11-1　一些中心线裂缝的表面似乎已经被高压钻井液沿着裂缝平面的快速流动侵蚀和开槽。从深海粉砂岩切下的岩心，直径为4in的直井岩心；井孔向上方向朝向照片的顶部

第十二节　岩心分离之谜

在罕见的例子中，岩心表现出看似不可能的重叠岩心分离配置。在这些神秘的结构中，不规则分离两侧的岩心部件明确地锁定在一起。锁定部分上方和下方的岩心都是全直径岩心，但两个岩心的轴线偏移高达岩心直径的一半（图4-12-1）。很难想象取心钻头如何在不标记下心片的情况下切割上心片，并且在切割下心片的同时，类似的过程使上心片不受阻碍。

图 4-12-1 来自 sabkha 白云岩的岩心中一个神秘的锁定连接的两个视图。岩心是连接上方和下方的全直径。两个岩心片重叠并且它们不是同轴的。即使岩心片重叠，下岩心片也没有显示切割上岩心片的记录，并且当下岩心片被取心时上岩心片不受影响。直径为 2.5in 的直井岩心；井孔向上方向朝向两张照片的顶部

第十三节 水平井岩心的抛光断裂面

水平井岩心中的天然裂缝和诱导裂缝有时显示出光滑、抛光的表面，但没有表征衍生产物的圆形线条。当在取心过程中岩心沿断裂面分开时，这些抛光表面在水平岩心中形成，当岩心的其余部分被切割时，分离的两个面相互振动而不旋转（图 4-13-1 至图 4-13-3）。

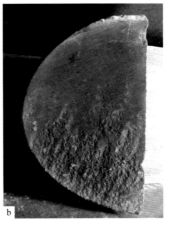

图 4-13-1 部分抛光的平面天然裂缝的两个视图，与水平井石灰岩岩心的轴呈倾斜角度。a. 出现在岩心板面上的裂缝井口朝向照片顶部；b. 打开的裂缝平面以显示其中一个裂缝面，该面的上半部分经过机械打磨和抛光，下半部分保留了原始粗糙断裂面纹理的残余物，岩心的上截面。直径为 4in 的水平井岩心对接

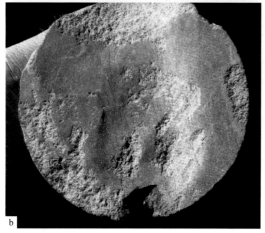

图 4-13-2 从海相粉砂岩中切取的岩心中抛光的、几乎与岩心垂直的断裂面的两个视图。裂缝空洞中残余裂缝面矿化的迹象表明它是天然的，但证据并不确凿。直径为 2.5in 的水平井岩心；a. 井孔向上方向朝向照片的左侧，地层向上方向未知；b. 井孔向上方向朝向观察者

图 4-13-3 在从石灰岩切割的水平井岩心中的垂直天然断裂表面上进行抛光的两个视图。振动已经抛光并去除了部分断裂表面的矿化。裂缝面的椭圆形状是裂缝横切岩心的斜角的结果。直径为 4in 的水平井岩心，地层向上方向未知；a. 井孔向上方向朝向照片中的右上角；b. 井孔向上方向朝向观察者

第十四节 尖端抛光

　　水平岩心沿岩心斜断面断裂的岩心片的末端是呈一定角度的，而不是呈方形的。相对的楔形岩心末端的尖端指向井上和井下，并且可能会因为没有明显原因而被截断 1～2cm（图 4-14-1）。尽管没有相对的、类似标记的面，但小的、岩心法线的截断面以类似于衍生品中发现的放射状图案为标志（图 4-14-2）。该模式可以沿着岩心重复多次，并且可以在从衬管中取出岩心之前拍摄的 CT 扫描图像中观察到截断的楔形尖端（图 4-14-3）。

　　当水平岩心在取心过程中沿斜裂缝分开时就会形成这种模式，产生平面视图中形状类似梯形的矿块（图 4-14-4）。不受约束的岩心块可以自由地沿水平筒向上滑动，在那里重力导致梯形较长、较重的边围绕岩心轴旋转，并落在振动筒的低侧。

　　发生这种情况时，井上和井下楔块的尖端与尖端相遇并来回振动（图 4-14-5），磨掉岩心的尖端，并在相对表面上留下短的同心圆弧。当岩心从孔中取出时，岩心片在重力作

用下重新定位到原来的位置穿过裂缝，事实上，裂缝已经分开，允许岩心楔的尖端在它们水平放置在深处的岩心筒中时相遇，然而这并不明显。

图 4-14-1 一对方解石矿化充填垂直裂缝与水平井岩心轴倾斜切割的三个视图，显示与裂缝相邻的岩楔缺失的井上和井下尖端。直径为 4in 的水平井岩心；地层向上方向（岩心的高侧）朝向观察者，井孔向上方向朝向照片的左侧

图 4-14-2 同一岩心片端穿过断裂面的视图，显示矿化断裂面的残余物（下部三分之二）和岩心楔缺失尖端的表面，用同心圆弧标记（箭头处）。直径为 4in 的水平井岩心；井孔向上方向远离观察者

图 4-14-3 岩心从筒体中取出之前的 CT 扫描图，显示与岩心轴线倾斜的裂缝切割以及岩心楔块的井上和井下尖端缺失。直径为 4in 的水平井岩心；井孔向上方向朝向照片的左侧

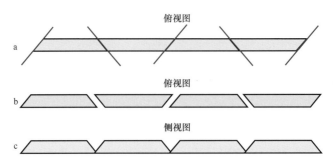

图 4-14-4 a.水平井岩心穿过包含两个垂直裂缝组（红线）的地层，这些裂缝组几乎彼此垂直；b.当岩心的下部被切割时，该岩心沿着矿化较差的断裂面分离，岩心段向上移动到岩心筒的未占据部分；c.由于重力，梯形岩心段长而重的边旋转 90° 位于岩心筒的底部或低侧，与岩心楔的尖端并列，在那里它们被取心相关的振动磨掉。当岩心筒被带入孔中时垂直竖立，重力迫使岩心块穿过脱节的断裂面回到其原始位置

图 4-14-5 被钙化矿化裂缝分开的两块岩心从它们的原位位置相对于彼此旋转到在水平岩心筒中重力稳定的位置。岩心的尖端被与取心操作相关的振动磨碎并去除，这也给尖端—尖端的接触面赋予了短的弧形线条。直径为 4in 的水平井岩心；地层向上方向朝向左侧岩心块中的观察者、远离右侧岩心块中的观察者。井孔向上方向朝向照片的左侧

第十五节 板平面一致性

假设板状岩心的板坯和对接都可用于研究，大多数裂缝分析人员更喜欢二者兼而有之，并且更喜欢切割岩心的板坯平面，使它们沿岩心尽可能具有相同的方向。然而，如果只有岩心板可用，不一致的板平面比一致定向的板平面更有可能与任何长裂缝的至少一部分相交，因此随机定向的板有一些优势。事实上，许多大板技术人员都被要求切割板，以便为摄影提供良好的图像，这通常意味着在选择板平面方向时有意避免了会破坏岩心的天然裂缝（图4-15-1），并且降到岩心的末端。在只有岩心板或对接可用于研究的情况下，方向不一致的板平面通常会截断和模糊参数，例如裂缝高度（图4-15-2）、走向（图4-15-3）和裂缝数量（图4-15-4）。

图4-15-1 沿着该岩心的板面（白色箭头处）有意切割，以避免仅在该页岩岩心的对接部分发现6ft高的方解石矿化天然裂缝（红色箭头）。直径为4in的直井岩心的对接；井孔向上方向远离观察者

图4-15-2 a.页岩岩心板片中的两条裂缝实际上在板片和底部重新组合时形成了一个连续的矿化裂缝平面；b.这个页岩岩心的平板平面是平行的，但手指正上方的岩心片是颠倒的（在岩心盒和服务公司的照片记录中最初都显示），看起来有三个独立的裂缝。裂缝分析师必须把手放在岩心上，拿起并检查所有碎片，然后将碎片重新组装在一起。直径为4in的直井岩心板制成的板；井孔向上方向朝向两张照片的顶部

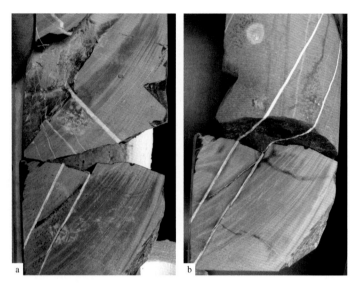

图 4-15-3 从石灰岩切割的岩心中倾斜延伸裂缝对的两个视图。a. 由于在岩心断裂处的平板平面方向发生了变化，岩心放置在板盒中时呈现出令人困惑的断裂模式；b. 断裂模式实际上是系统和规则的，但为了使这一点显而易见，上部板件必须围绕其长轴旋转 180°，并与岩心的对接部分配合。直径为 4in 的直井岩心；井孔向上方向朝向两张照片的顶部

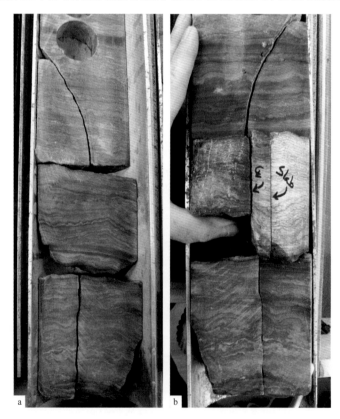

图 4-15-4 从石灰岩切割的岩心中花瓣中心线断裂的两个视图。a. 如板盒中所示，似乎有两个不相关的裂缝；b. 当未断裂的板坯的对接被纳入拼图时，中心线裂缝（"CL"）显示为连续的。看似未断裂的岩心件中的板坯表面被切割成平行于诱导断裂。直径为 4in 的直井岩心；井孔向上方向朝向两张照片的顶部

第十六节　错　　觉

岩心裂缝的研究是一个三维的工作。与露头一样，一个二维表面上的裂缝仅表现其几何形状。在可能的情况下，可以而且必须从板坯表面追踪到岩心端部，一直到板坯背面，到对接，甚至到塞孔壁中的岩心裂缝，以便正确表征它们。有时为了提供裂缝的第三维的重要视图，必须有意地打开岩心。

岩心最初是储层的微小样本，仅对岩心板进行的裂缝研究会错过岩心体积的四分之三。这显著降低了表征岩心裂缝的机会，部分原因是与沉积结构不同，裂缝平面不会填充岩心体积，并且不能保证岩心裂缝会暴露在板片平面上。此外，一项仅考虑板面或仅使用板面照片的研究存在严重缺陷，因为即使它们相交，板面也很少垂直于断裂面切割。与板呈斜角的断裂面显示断裂的扭曲尺寸（图4-16-1至图4-16-3）；与倾斜平面相交的垂直裂缝看起来像是倾斜的，除非它们完全垂直于暴露平面（图4-16-4）。

尽管如此，地质学是一门不完整数据集的科学，虽然总是想要更多的数据，但地质学家在充分利用有限和不完整的数据集方面已经相当成功，岩心照片总比没有数据好。要了解此类数据的局限性，本节说明了仅在板面上表示裂缝时研究裂缝的一些缺陷。

图 4-16-1 泥质灰岩中狭窄的方解石矿化裂缝的两个视图。a.黄色箭头上方的方解石矿化充填裂缝似乎具有几乎水平的倾角，几乎平行于层理，因为它暴露在板片平面上；b.对板背的检查表明，裂缝具有大倾角。平行于板坯表面的近垂直裂缝可以在板坯平面上具有完美的水平表达式，这种配置的可能性不亚于以理想角度撞击的垂直裂缝，完全垂直于板坯。直径为 4in 的直井岩心；井孔向上方向朝向两张照片的顶部

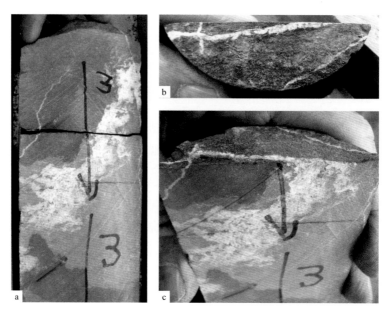

图 4-16-2 白垩系海相灰岩中裂缝的三个视图。被平板平面几乎平行于它们的撞击方向切割的裂缝不仅比实际更宽，而且更不规则。a. 板坯表面裂缝的不规则表现。b 和 c. 显示了穿过 a 中间断裂的岩心末端，说明了裂缝和板坯平面之间的浅角。直径为 3in 的直井岩心制成的板坯；岩心标记使用非常规的"向下"箭头；a、c. 井孔向上方向朝向照片的顶部；b. 井孔向上方向远离观察者

图 4-16-3 当板片表面以小角度穿过断裂面切割时，裂缝的不规则性会被夸大，就像从非海相砂岩切割的岩心一样。狭窄的裂缝几乎是垂直的（箭头处），但在 a 中底部几乎是水平的。直径为 4in 的直井岩心的对接；井孔向上方向朝向两张照片的顶部

图 4-16-4 a. 细粒灰岩中的三个垂直的方解石矿化充填天然裂缝（"NF"）似乎是倾斜的，因为它们被倾斜的花瓣断裂面（"PF"）倾斜切割。天然裂缝甚至形成了一个共轭裂缝组，其中垂直平分线与锐角相交。然而，它们在岩心部件底部（b 中裂缝与岩心上绘制的黑线平行）的三维检查表明它们几乎垂直并且在地图视图中具有直角交叉点。直径为 4in 的直井岩心；a. 井孔向上方向朝向照片的顶部；b. 井孔向上方向远离观察者

第十七节　岩心表面上与取心相关的岩石蚀变

岩心是板状的，这样可以比粗糙和破损的岩心外表面提供更好的沉积和结构特征视图。一些岩心的表面，特别是那些从硬石膏和石灰岩中切割出来的岩心，可能会被一层由机械和化学蚀变岩石组成的外皮所掩盖，这些岩石是在岩心钻头通过期间局部升高的热量、压力和应力而产生的（图 4-17-1 至图 4-17-3）。井筒中肯定会发生类似的变化，但它们的影响通常被认为与钻井液滤饼有关，这些滤饼会产生低渗透表层，在测井和工程操作中必须考虑到这一点。

即使岩心是干净的，大多数沉积和地层特征也可以在更小、更容易检查和储存的板片中观察到；岩心端被低估了，有些甚至被丢弃了。然而，岩心对接包含岩心体积的四分之三，提供比板坯更多的断裂信息。

岩心是否应该在被凿成板坯之前或之后记录裂缝？这取决于岩心条件和岩心裂缝系统的性质。板坯可以揭示裂缝，尤其是较小的裂缝，如果岩心表面被遮挡，则这些裂缝是不可见的。然而，无论做得多么小心，板坯都会破坏岩心并降低岩心的连续性。板状岩心通常提供更多关于裂缝分布和宽度等参数的信息，但它们提供的关于裂缝方向和高度的信息较少。来自砂岩的干净岩心通常可以在铺板前记录裂缝，而不会遗漏太多，但带有小裂缝的粗糙泥质页岩岩心可能看起来完全没有裂缝，直到它们被铺板。理想情况下，在切片之前和之后都会记录一个岩心；在一些项目上有过这样的做法，从岩心钻取前后的两个裂缝数据集是互补的，但可能有很大的不同。然而，最具成本效益的裂缝数据集通常是从板心中获得的，其中对接和板坯记录在一起。

图 4-17-1 a. 在灰色石灰岩上形成的有纹理、变色、与取心有关的外皮；b. 沿着方解石矿化天然裂缝穿过类似岩心的截面，显示蚀变外皮的最小厚度。直径为 4in 的直井岩心；井孔向上方方向朝向两张照片的顶部

图 4-17-2 这块岩心的表皮是从灰色硬石膏层中切割下来的，经过一定的化学变化由白色石膏组成。棕色的原油将石膏染成斑块，在中心形成更暗的结节，可见原油从岩心中渗出。直径为 4in 的直井岩心；井口朝向照片的顶部

图 4-17-3 蚀变岩覆盖在石灰岩岩心的表面，沿着划刻的定向凹槽（中心右侧）剥落，其余位置的沉积结构和裂缝被完全掩盖。照片左侧岩心上的棕色线条是岩心铁质搁置架留下的污点。直径为 4in 的直井岩心；井口朝向照片的顶部

参 考 文 献

Al-Aasm, I.S., Muir, I., and Morad, S., 1992, Diagenetic conditions of fibrous calcite vein formation in black shales : petrographic, chemical, and isotopic evidence. Bulletin of Canadian Petroleum Geology, 41, 46-56.

American Association of Petroleum Geologists, Methods in Exploration Series, No. 8. Tulsa : American Association of Petroleum Geologists.

Anders, M.H., Laubach, S.E., and Scholz, C.H., 2014, Microfractures : a review. Journal of Structural Geology, 69, Part B, 377-394.

Anderson, E.M., 1905, The Dynamics of Faulting. London : Geological Society, Special Publication, vol. 367, pp. 231-246.

Anderson, E.M., 1942. The Dynamics of Faulting and Dyke Formation with Application to Britain. Edinburgh : Oliver and Boyd.

Anderson, E.M., 1951, The Dynamics of Faulting and Dyke Formation with Applications to Britain, 2nd edn. Edinburgh, Oliver and Boyd.

Anderson, E.M., 1951, The Dynamics of Faulting and Dyke Formation with Applications to Britain, 2nd edn.

Antonellini, M., and Aydin, A., 1994, Effect of faulting on fluid flow in porous sandstones : petrophysical properties. American Association of Petroleum Geologists Bulletin, 78 (3), 355-377.

Aydin, A., and Johnson, A.M., 1978, Development of faults as zones of deformation bands and as slip surfaces in sandstone. Pure and Applied Geophysics, 116, 931-942.

Bishop, J.W., Sumner, D.Y., and Huerta, N.J., 2006, Molar tooth structures of the Neoarchean Monteville Formation, Transvaal Supergroup, South Africa. II : a wave-induced fluid flow model. Sedimentology, 53, 1069-1082.

Cobbold, P.R., and Rodrigues, N., 2007, Seepage forces, important factors in the formation of horizontal hydraulic fractures and bedding-parallel fibrous veins ('beef' and 'cone-in-cone'). Geofluids, 7, 313-322.

Cobbold, P.R., Zanella, A., Rodrigues, R., and Løseth, H., 2014, Bedding-parallel fibrous veins (beef and cone-incone) : worldwide occurrence and possible significance in terms of fluid overpressure, hydrocarbon generation and mineralization. Marine and Petroleum Geology, 43, 1-20.

Compton, R.R., 1985, Geology in the Field. Chichester : Wiley.

Doblas, M., 1998, Slickenside kinematic indicators. Tectonophysics, 295, 187-197.

Edinburgh : Oliver and Boyd.

Fast, R.E., Murer, A.S., and Timmer, R.S., 1994, Description and analysis of cored hydraulic fractures – Lost Hills Field. Dern County, California : SPE Production and Facilities, pp. 107-113.

Finley, S.J., and Lorenz, J.C., 1988, Characterization of Report SAND88-1800. Available through the US Natural Fractures in Mesaverde Core from the Multiwell Government Office of Science and Technology Experiment. Sandia National Laboratories Technical Information : www.osti.gov.

Fossen, H., Schultz, R.A., Shipton, Z.K., and Mair, K., 2007, Deformation bands in sandstone : a review. Journal of the Geological Society, 164, 755-769.

Gale, J.F.W., Laubach, S.E., Olson, J.E., Eichhubl, P., and Fall, A., 2014, Natural fractures in shale : A review and new observations ; American Association of Petroleum Geologists Bulletin, 98, 2165-2216.

Gretener, P. E., and Z-M Feng, 1985, Three decades of geopressures insights and enigmas. Bulletin Vereinigung Schweizerischer, Petroleum Geologen und Ingenieure, 51, 1-34.

Gretener, P.E., 1977, Pore pressure : fundamentals, general ramifications, and implications for structural geology (revised 1979). AAPG Education Course Note Series 4.

Griggs, D., and Handin, J., 1960, Observations on fracture and a hypothesis of earthquakes. Geological Society of America, Memoir, 79, 347-364.

Griggs, D., and J. Handin, 1960, Observations on fracture and a hypothesis of earthquakes. Geological Society of America, Memoir, 79, 347-364.

Hancock, P.L., 1985, Brittle microtectonics : principles and practice. Journal of Structural Geology, 7, 347-457.

Hancock, P.L., 1986, Joint spectra, in Nichol, I., and Nesbitt, R.W., eds, Geology in the Real World – the Kingley Dunham volume. London : Institution of Mining and Metallurgy, p. 155.

Hancock, P.L., and Bevan, T.G., 1987, Brittle modes of foreland deformation, in Coward, M.P., Dewey, J.F., and Hancock, P.L., eds, Continental Extension Tectonics. Geological Society Special Publication, v. 28, pp. 127-137.

Hancock, P.L., and Bevan, T.G., 1987, Brittle modes of foreland extension, in Coward, M.P., Dewey, J.F. and Hancock, P.L. (eds) Continental Extensional Tectonics., London : Geological Society, Special Publication, vol. 28, pp. 127-137.

Hopkins, C.W., Holditch, S.A., Rosen, R.L., and Hill, D.G., 1998, Characterization of an induced hydraulic fracture completion in a naturally fractured Antrim Shale Reservoir. SPE 51068, SPE Eastern Regional Meeting, Pittsburgh, PA, pp. 177-185.

Jamison, W.R., and Stearns, D.W., 1982, Tectonic deformation of Wingate Sandstone, Colorado National Monument. American Association of Petroleum Geologists Bulletin, 66, 2584-2608.

Krantz, R.W., 1989, Orthorhombic fault patterns : the odd axis model and slip vector orientations. Tectonics, 8 (3), 483-495.

Kulander, B.R., Dean, S.L., and Ward, B.J., 1990, Fractured Core Analysis : Interpretation, Logging and Use of Natural and Induced Fractures in Core. AAPG Methods in Exploration Series 8. Tulsa : American Association of Petroleum Geologists.

Kulander, B.R., Dean, S.L., and Ward, B.J., 1990, Fractured Core Analysis : Interpretation, Logging and Use of Natural and Induced Fractures in Core. AAPG Methods in Exploration Series 8. Tulsa : American Association of Petroleum Geologists.

Kulander, B.R., Dean, S.L., and Ward, B.J., 1990, Fractured Core Analysis : Interpretation, Logging, and Use of Natural and Induced Fractures in Core.

Kulander, B.R., Dean, S.L., and Ward, B.J., 1990, Interpretation and logging of natural and induced fractures in core, AAPG, Methods in Exploration Series 8. Lorenz, J.C., Warpinski, N.R., Branagan, P.T., and Sattler, A.R., 1989, Fracture characteristics and reservoir behavior in stress-sensitive fracture systems in flat-lying formations. Journal of Petroleum Technology, 41, 614-622.

Landry, C.J., Eichhubl, P., Prodanović, M., and TokanLawal, A., 2015, Permeability of calcite-cemented fractures : flow highway or barrier ? AAPG Annual Meeting.

Laubach, S.E., Reed, R.E., Olson, J.E., and Bonell, L.M., observations of regional fractures. Journal of Structural 2004, Coevolution of crack-seal texture and fracture Geology, 26, 967-982. porosity in sedimentary rocks : cathodoluminescence

Li, Y., and Schmitt, D.R., 1998, Drilling-induced core fractures and in situ stress. Journal of Geophysical Research, 103 (B3), 5225-5239.

Lorenz, J.C., 1992, Well-bore geometries for optimum fracture characterization and drainage. West Texas Geological Society Bulletin, 32, 5-8.

Lorenz, J.C., and Hill, R.E., 1994, Subsurface fracture spacing : comparison of inferences from slant/horizontal and vertical cores. SPE Formation Evaluation, 9, 66-72.

Lorenz, J.C., and Laubach, S.E., 1994, Description and Interpretation of Natural Fracture Patterns in Sandstones of the Frontier Formation along the Hogsback, Southwestern Wyoming. Des Plaines : Gas Research Institute, Tight Sands and Gas Processing Research Department, GRI-94/0020.

Lorenz, J.C., Billingsley, R.L., and Evans, L.W., 1998, Permeability reduction by pyrobitumen, mineralization, and stress along large natural fractures in sandstones at 18, 300-ft depth : destruction of a reservoir. SPE Reservoir Evaluation and Engineering, 1, 52-56.

Lorenz, J.C., Finley, S.J., and Warpinski, N.R., 1990, core, northwestern Colorado. American Association of Significance of coring - induced fractures in Mesaverde Petroleum Geologists Bulletin, 74, 1017-1029.

Lorenz, J.C., Finley, S.J., and Warpinski, N.R., 1990, Significance of coring-induced fractures in Mesaverde core, northwestern Colorado : American Association of Petroleum Geologists Bulletin, 74, 1017-1029.

Lorenz, J.C., Krystinik, L.F., and Mroz, T.H., 2005, Shear reactivation of fractures in deep Frontier sandstones : evidence from horizontal wells in the Table Rock Field, Wyoming, in Bishop, M.G., et al., eds, Gas in Low Permeability Reservoirs of the Rocky Mountain Region : Mountain Association of

Geologists guidebook, pp. 267–288.

Lorenz, J.C., Krystinik, L.F., and Mroz, T.H., 2005, Shear reactivation of fractures in deep Frontier sandstones : Evidence from horizontal wells in the Table Rock Field, Wyoming, *in* Bishop, M.G., et al., eds, Gas in Low Permeability Reservoirs of the Rocky Mountain Region : Rocky Mountain Association of Geologists guidebook, pp. 267–288.

Lorenz, J.C., Sterling, J.L., Schechter, D.S., Whigham, C.L., and Jensen, J.L., 2002, Natural fractures in the Spraberry Formation, Midland basin, Texas : the effects of mechanical stratigraphy on fracture variability and reservoir behavior. AAPG Bulletin, 86, 505–524.

Lorenz, J.C., Sterling, J.L., Schechter, D.S., Whigham, C.L., and Jensen, J.L., 2002, Natural fractures in the Spraberry Formation, Midland basin, Texas : the effects of mechanical stratigraphy on fracture variability and reservoir behavior. American Association of Petroleum Geologists Bulletin, 86, 505–524.

Lorenz, J.C., Teufel, L.W., and Warpinski, N.R., 1991, Regional fractures I : a mechanism for the formation of regional fractures at depth in flat - lying reservoirs. AAPG Bulletin, 75, 1714–1737.

Lorenz, J.C., Warpinski, N.R., Branagan, P.T., and Sattler, A.R., 1989, Fracture characteristics and reservoir behavior in stress–sensitive fracture systems in flat–lying formations. Journal of Petroleum Technology, 41, 614–622.

Loucks, R.G., 1999, Paleocave carbonate reservoirs : and reservoir implications. AAPG Bulletin, 83, origins, burial–depth modifications, spatial complexity, 1795–1834.

Marshall, J.D. 1982, Isotopic composition of displacive fibrous calcite veins ; reversal in pore–water composition trends during burial diagenesis. Journal of Sedimentary Petrology, 52, 615–630.

Narr, W., 1996, Estimating average fracture spacing in subsurface rock. AAPG Bulletin, 80, 1565–1586.

Nelson, R.A., 1981, Significance of fracture sets associated with stylolite zones. AAPG Bulletin, 65, 2417–2425.

Nelson, R.A., 1985, The Geologic Analysis of Naturally Fractured Reservoirs. Houston : Gulf Professional Publishing.

Nelson, R.A., 2001, The Geologic Analysis of Naturally Fractured Reservoirs, 2nd edn. Houston : Gulf Professional Publishing.

Nelson, R.A., 2002, Geologic Analysis of Naturally Fractured Reservoirs, 2nd edn. Boston : Gulf Professional Publishing.

Obert, L., and Stephenson, D.E., 1965, Stress conditions under which core discing occurs. Transactions of S.M.E., 232, 227–235.

Olsson, W.A., Lorenz, J.C., and Cooper, S.P., 2004, A mechanical model for multiply–oriented conjugate deformation bands. Journal of Structural Geology, 26, 325–338.

Osborne, M.J., and Swarbrick, R.E., 1997, Mechanisms for generating overpressure in sedimentary basins : a re–evaluation. AAPG Bulletin, 81, 1023–1041.

Peterson, R.E., Warpinski, N.R., Lorenz, J.C., Garber, M., Wolhart, W.L. and Steiger, R.P., 2001, Assessment of the mounds drill cuttings injection disposal domain. SPE–71378–MS, presented at the SPE Annual Technical Conference and Exhibition, 30 September–3 October, New Orleans.

Petit, J.P., and Laville, E., 1987, Morphology and microstructures of hydroplastic slickensides in sandstones, in Jones, M.E., and Preston, R.M.F., eds, Deformation of Sediments and Sedimentary Rocks. Palo Alto : Blackwell Scientific, pp. 107–121.

Petit, J.P., and Laville, E., 1987, Morphology and microstructures of hydroplastic slickensides in sandstones, *in* Jones, M.E., and Preston, R.M.F., eds, Deformation of Sediments and Sedimentary Rocks. Palo Alto : Blackwell Scientific, pp. 107–121.

Potluri, N., Zhu, D., and Hill, A.D., 2005, Effect of natural fractures on hydraulic fracture propagation. SPE94568, SPE European Formation Damage Conference, Scheveningen, The Netherlands, 25–27 May. Publication, v. 28, pp. 127–137.

Ramsay, J.G., and Huber, M.I., 1983, The Techniques of Modern Structural Geology, 1: Strain Analysis. London : Academic Press.

Rath, A., Exner, U., Tschegg, C., Grasemenn, B., Laner, R., and Draganits, E., 2011, Diagenetic control of deformation mechanisms in deformation bands in a carbonate grainstone. AAPG Bulletin, 95, 1369–1381.

Reches, Z., and Dieterich, J.H., 1983, Faulting of rocks in three–dimensional strain fields, 1. Failure of rocks in polyaxial, servo–control experiments. Tectonophysics, 95, 111–132.

Rhett, D., 2001, Pore pressure controls on the origin of regional fractures : experimental verification of a model. AAPG Search and Discovery Article #90906, 2001 AAPG Annual Convention, Denver, Colorado.

Robinson, L.H. Jr., 1959, The effect of pore and confining pressure on the failure process in sedimentary rock. Colorado School of Mines Quarterly, 54, 177–199.

Rodrigues, N., Cobbold, P.R., Loseth, H., and Ruffet, G., 2009, Widespread bedding–parallel veins of fibrous calcite ('beef') in a mature source rock (Vaca Muerta Fm, Neuque´n Basin, Argentina) : evidence for overpressure and horizontal compression. Journal of the Geological Society, London, 166, 695–709.

Sagy, A., Reches, Z., and Agnon, A., 2003, Hierarchic three–dimensional structure and slip partitioning in the western Dead Sea pull–apart. Tectonics, 22 (1), 1004.

Sandstones of the Frontier Formation along the Hogsback, Southwestern Wyoming. Des Plaines : Gas Research Institute, Tight Sands and Gas Processing Research Department, GRI–94/0020.

Seyum, S., and Pollard, D.D., 2012, Echelon crack geometries in limestone, and associated shear localization. Stanford Rock Fracture Project, 23, A–1–17.

Shainan, V.E., 1950, Conjugate sets of en echelon tension fractures in the Athens Limestone at Riverton, Virginia. Geological Society of America Bulletin, 61, 509–517.

Smith, J.V., 1996, Geometry and kinematics of convergent conjugate vein array systems. Journal of Structural

Geology, 18, 1291–1300.

Teufel, L.W., 1983, Determination of In-Situ Stress from Anelastic Strain Recovery Measurements of Oriented Core SPE-11649-MS, Society of Petroleum Engineers, SPE/DOE Low Permeability Gas Reservoirs Symposium, 14-16 March, Denver, Colorado.

Teufel, L.W., 1983, Determination of In-Situ Stress from Anelastic Strain Recovery Measurements of Oriented Core. Presented at SPE/DOE Low Permeability Gas Reservoirs Symposium, 14-16 March, Denver, Colorado.

Warpinski, N.R., Lorenz, J.C., Brangan, P.T., Myal, F.R., and Ball, B.L., 1993, Examination of a cored hydraulic fracture in a deep gas well. SPE Production and Facilities, pp. 150–158.

Warpinski, N.R., Teufel, L.W., Lorenz, J.C., and Holcomb, D.J., 1993, Core Based Stress Measurements : A Guide to Their Application. Des Plaines : Gas Research Institute Topical Report GRI-93/0270, available through the Gas Technology Institute.

Warpinski, N.R., Teufel, L.W., Lorenz, J.C., and Holcomb, D.J., 1993, Core-Based Stress Measurements : A Guide to Their Application. Gas Research Institute Topical Report GRI-93/0270. Available from the Gas Technology Institute or through the US Government Office of Science and Technology Information : www.osti.gov.

Warren, J.E., and Root, P.J., 1963, The behavior of naturally fractured reservoirs. Society of Petroleum Engineers Journal, 228, 245–255.

Wawersik, W.R., and C. Fairhurst, 1970, A study of brittle rock fracture in laboratory compression experiments. International Journal of Rock Mechanics and Mining Science, 7, 561–575.

Wennberg, O.P., Casini, G., Jonoud, S., and Peacock, D.C.P., 2016, The characteristics of open fractures in carbonate reservoirs and their impact on fluid flow : a discussion. Petroleum Geoscience, 22, 91–104.

Zeng, L., 2010, Microfracturing in the Upper Triassic Sichuan Basin tight-gas sandstones : tectonic, overpressure, and diagenetic origins. AAPG Bulletin, 94, 1811–1825.

Zeng, L., and Li, X-Y., 2009, Fractures in sandstone reservoirs with ultra-low permeability : a case study of the Upper Triassic Yanchang Formation in the Ordos Basin, China. AAPG Bulletin, 93, 461–477.